高素质农民培训教材

广西乡村旅游
休闲食品加工技术

广西农业广播电视学校　组织编写

余正权　鲁　煊　著

U0397106

广西科学技术出版社

·南宁·

图书在版编目（CIP）数据

广西乡村旅游休闲食品加工技术 / 余正权，鲁煊主编.
—南宁：广西科学技术出版社，2024.10.
ISBN 978-7-5551-2244-9

I. TS205

中国国家版本馆 CIP 数据核字第 20245PU282 号

Guangxi Xiangcun Lüyou Xiuxian Shipin Jiagong Jishu

广西乡村旅游休闲食品加工技术

余正权　鲁　煊　主编

策　　划：黎志海

责任编辑：覃　艳　　　　　　　　　封面设计：梁　良
责任印制：陆　弟　　　　　　　　　责任校对：方振发

出版人：岑　刚

出版发行：广西科学技术出版社　　　地　　址：广西南宁市东葛路66号
邮政编码：530023　　　　　　　　　网　　址：http://www.gxkjs.com

经　　销：全国各地新华书店
印　　刷：广西万泰印务有限公司

开　　本：787mm×1092mm　1/16
印　　张：7.25　　　　　　　　　　字　　数：122千字
版　　次：2024年10月第1版　　　印　　次：2024年10月第1次印刷
书　　号：ISBN 978-7-5551-2244-9　定　　价：30.00元

目 录

第一章　概　述

第一节　乡村旅游休闲食品的概念、特点及分类

【学习目标】

（1）能说出乡村旅游休闲食品的概念。

（2）了解乡村旅游休闲食品的特点。

（3）熟悉乡村旅游休闲食品的分类。

一、乡村旅游休闲食品的概念

乡村旅游休闲食品是快速食品的一类，是人们在乡村旅游、闲暇、休息时所吃的食品，如炒货坚果、蜜饯、果脯、膨化食品、肉制食品等。随着生活水平的提高，休闲食品越来越受到广大人民群众的喜爱。走进超市或旅游景区的小卖部，薯片、薯条、虾条、雪饼、花生、五香炸肉等休闲食品琳琅满目。随着经济的发展和消费水平的提高，休闲食品逐渐成为百姓日常的消费品之一，消费数量不断增长，消费者对于休闲食品的质量要求也不断提高。

二、乡村旅游休闲食品的特点

1. 供给的季节性

由于农产品的生产受季节和气候的影响，以农产品为原材料制作的大多数乡村旅游休闲食品有特定的生产和收获周期，如特色蔬菜、果品、粮油、中药材等，市场供给具有明显的季节性，容易出现旺季滞销、淡季脱销的现象。另外，恶劣的气候条件也会对乡村旅游休闲食品的生产造成影响，如长期低温、干旱或雨雪天气会使地面蔬菜难以生长，产量降低，导致一些以蔬菜为原材料的乡村旅游休闲食品出现生产和销售不稳定的情况。

2. 消费的即时性

乡村旅游休闲食品因其原料新鲜、纯天然等特性受到广大乡村旅游者的追捧。由于大多数乡村旅游休闲食品的原材料不耐储存，对运输也有特殊要求，因此实时购买、即时食用是其最佳的消费方式，这与其他乡村旅游产品不易运输、不耐

储存、不方便转移的消费特征具有一致性。

3. 营销的体验性

乡村旅游最大的吸引力在于能让人们暂时抛开城市繁忙的工作和沉重的生活压力，完全放松地去观赏乡村的自然环境，感受当地的特色文化，还能体验乡村的生活，亲近大自然。所以，发展乡村旅游，需要不断探索、开发更多乡村旅游特色体验活动。乡村旅游休闲食品来源于农村，其原材料的播种、生长、收获及后续生产加工等过程具有很好的体验性，带给人们的不仅是产品的消费，更多的是身体上、精神上的实际体验，让人们在参与中充分感受农村生活的乐趣。

三、乡村旅游休闲食品的分类

1. 按生产原料进行分类

按生产原料可分为粮食制品类、果蔬制品类、禽畜肉制品类、水产制品类和其他类休闲食品。

2. 按产品类型和加工技术综合分类

（1）炒货坚果：瓜子、花生、核桃、榛子、腰果、板栗、杏仁和开心果等。

（2）糖果：硬糖、软糖、巧克力、果冻和胶基糖等。

（3）蜜饯果脯：果脯果干、糖渍蜜饯、返砂糖霜类和果糕等。

（4）烘焙食品：萨其玛、面包、月饼、派、酥饼、饼干等。

（5）膨化食品：薯类膨化食品、米面膨化食品和豆类膨化食品等。

（6）饮料：茶饮料、碳酸饮料、功能饮料、果蔬饮料等。

（7）罐头食品：水果罐头、肉类罐头、蔬菜罐头和水产罐头等。

（8）方便食品：面食类、米食类、方便汤类和其他方便食品等。

目前，乡村旅游休闲食品在开发和推广的过程中，虽然具有一定地域特色或品质优势，但没有清晰的市场定位，产品在加工、包装、定价及销售等方面与市场上其他类似的农产品混杂在一起，导致产品之间差异小、辨识度不高，面临失去优势的危险，非常不利于产品品牌塑造和推广。

许多农村都拥有具有浓郁地方特色的优质农产品，无论是在生产区域环境，还是产品加工方面，都具备了塑造优质旅游休闲食品品牌的基本条件。然而，由于农业经营主体分散、缺乏品牌意识、创建品牌的能力不足等因素，导致农村特色旅游休闲食品没有建立起品牌或品牌知名度不够，从而不能使其真正被广大消费者认识和接受。

大多数乡村旅游休闲食品以原料生产和初级加工产品为主，深加工和精加工产品少，因其原料种植生产过程具有明显的周期性，产品上市时间受季节影响明显，不耐运输和储存，容易出现产品在旺季滞销、淡季脱销的现象，所以市场销售情况很不稳定，极易对相关从业人员的生产积极性造成影响。

【知识巩固】

复述乡村旅游休闲食品的概念、特点及分类。

【考核要求】

（1）知识目标：熟悉乡村旅游休闲食品的概念、特点及分类。

（2）职业素养：关注乡村旅游休闲食品市场，树立乡村旅游休闲食品未来价值观。

第二节　乡村旅游休闲食品的起源、发展及应用

【学习目标】

（1）了解乡村旅游休闲食品的起源。

（2）认识乡村旅游休闲食品的现状。

（3）认识乡村旅游休闲食品发展面临的挑战。

一、乡村旅游休闲食品的起源

我国的乡村旅游兴起于 20 世纪 80 年代末至 90 年代初，是在我国特殊的旅游扶贫政策的指导下应运而生的，其发展是我国农村产业结构调整和城市化进程加快的结果。随着乡村旅游产业的发展，乡村旅游休闲食品的种类也逐渐丰富起来。

二、乡村旅游休闲食品的现状

乡村旅游休闲食品是消费品市场的重要组成部分。随着人们生活水平的提高，休闲食品的需求量不断增长，市场规模逐渐扩大；同时，销售渠道也呈现多样化，主要有超市、便利店、电商平台、专营店等。其中，超市和便利店仍是休闲食品销售的主要渠道；电商平台近年来发展迅速，也成为年轻消费者购买休闲食品的主要渠道之一。

乡村旅游休闲食品的消费者以年轻人为主，其中 20 ～ 30 岁的年轻人是最大的消费群体。消费者在购买乡村旅游休闲食品时，除满足口腹之欲外，还注重品质、口感、营养价值、品牌等因素。同时，随着健康饮食观念的普及，消费者对健康、天然、无添加等概念的关注度也不断提高。

三、乡村旅游休闲食品的发展及面临的挑战

随着消费者的消费升级和健康意识的提高，乡村旅游休闲食品市场未来将朝着健康化、品质化、个性化、智能化等方向发展，天然、有机、健康食品的市场份额将不断扩大。技术的进步，智能化、个性化的食品加工设备的逐步普及，能为消费者提供更加多样化、个性化的休闲食品选择。同时，新技术的运用也将为乡村旅游休闲食品市场提供更多的创新机会和营销手段。

乡村旅游休闲食品市场具有广阔的发展前景和巨大的潜力，但也面临着诸多挑战。企业需要密切关注市场动态和消费者需求的变化，不断进行产品创新和技术升级，以提高品牌竞争力和市场份额。同时，各级政府和相关部门也需要加强对乡村旅游休闲食品行业的监督和管理，确保产品质量和食品安全，为消费者提供更加安全、健康的休闲食品。

在市场竞争日益激烈的形势下，我国对乡村旅游休闲食品的开发和销售也越来越重视，逐步采取各种措施以促进特色乡村旅游休闲食品的发展，销售模式以及营销推广策略也初步形成。但是由于农产品受自然条件影响明显，导致目前乡村旅游休闲食品的生产比较落后，加之特色农产品生产地一般处于交通不太发达的偏远乡村，无法及时获取市场信息，导致不能以市场需求为导向进行生产，经常出现以特色农产品为基础的休闲食品卖不上价格或者滞销等情况，阻碍了乡村休闲食品市场的发展。

随着乡村振兴战略的实施，农村产业的发展取得了一定成效，但大多数地方的农业还以小农生产模式为主，生产分散且管理粗放，农产品产量和质量不稳定，所以在乡村旅游休闲食品开发过程中存在生产规模小、缺乏区域特色、产品质量参差不齐、品牌知名度不高等诸多问题。

基于以上问题现状，为寻求解决方法，当代新型农民应负起更多的担当和责任。

【知识巩固】

完整叙述乡村旅游休闲食品的现状及发展趋势。

【考核要求】

知识目标：了解和掌握乡村旅游休闲食品的起源、发展及应用。

职业素养：关注乡村旅游市场动态，挖掘和提升休闲食品开发能力。

第三节 乡村旅游休闲食品加工卫生规范及安全标准

【学习目标】

（1）了解乡村旅游休闲食品加工的基本卫生规范要求。

（2）掌握食品安全应急处理一般要求。

（3）掌握国家食品安全法规定食品生产的基本规范和标准。

乡村旅游休闲食品生产加工过程中原料采购、加工、包装、贮存和运输等环节的场所、设施、人员应遵循一定的要求和管理准则。各类乡村旅游休闲食品企业，其生产加工应符合《食品安全国家标准 食品生产通用卫生规范》（GB 14881—2013）；应当依照法律法规和食品安全标准从事生产经营活动，建立健全食品安全管理制度，采取有效管理措施，保证食品安全；应对其生产经营食品的安全负责，对社会和公众负责，承担社会责任。

一、食品加工场所卫生要求

（1）食品加工场所应远离污染源，保持环境卫生整洁。

（2）食品加工场所应按规定配置污水排放、垃圾处理等设施。

（3）食品加工场所的地面、墙壁、天花板应平整、易清洁，无卫生死角。

（4）食品加工场所应有良好的采光和通风条件，防止蚊蝇等害虫滋生。

二、食品加工人员卫生要求

（1）食品加工人员应经过健康检查，持有效健康证明方可上岗。

（2）食品加工人员应定期进行个人卫生培训，养成良好的卫生习惯。

（3）食品加工人员进入工作区域应穿戴清洁的工作服、帽、鞋等，不佩戴首饰、手表等物品。

（4）食品加工人员在工作期间应保持双手清洁，按规定洗手、消毒，佩戴手套、口罩等防护用品。

三、食品原材料卫生要求

（1）食品原材料应选用新鲜、安全、无污染的。

（2）食品原材料储存应标明品种、规格、日期，分类、分架存放，存放地点应离地、离墙。

（3）食品原材料的运输工具应清洁卫生，防止食品被污染。

（4）食品原材料在加工前应进行检验，确保卫生安全。

四、食品加工过程卫生要求

（1）食品加工前应对加工场所、设备、工具等进行清洗、消毒，确保卫生安全。

（2）食品加工时应按照工艺流程操作，防止交叉污染。

（3）食品加工过程中应保持安静，避免噪声干扰。

（4）每道工序结束后应对加工场所进行清洁、消毒，确保下道工序卫生安全。

五、食品贮存和运输卫生要求

（1）食品按照品种、日期等分类存放，存放地点应离地、离墙，防止交叉污染。

（2）食品贮存场所应保持干燥、通风、清洁，防止食品发霉、变质。

（3）食品运输工具应清洁卫生，防止食品受到污染。

（4）食品运输过程中应采取必要的保护措施，防止食品损坏、变质。

六、食品添加剂使用卫生要求

（1）食品添加剂应选用符合国家规定的产品。

（2）食品添加剂的使用量按照国家规定的范围和使用标准执行。

（3）食品添加剂的使用应明确标识，让消费者知情。

七、食品设备及工器具卫生要求

（1）食品设备及工器具应清洁卫生，无油污、无细菌等污染物。

（2）食品设备及工器具应定期进行检查、维护、保养，确保安全卫生。

（3）食品设备及工器具使用时应按照操作规程执行，防止交叉污染。

八、食品安全检验和追溯要求

（1）食品加工企业应设立食品安全检验室，对食品原材料、加工过程进行检验，确保食品安全。

（2）食品加工企业应建立食品安全追溯体系，对食品生产全过程进行记录和管理，确保食品安全可追溯。

（3）对于不合格的食品，食品加工企业应按照相关规定进行处置，防止对消费者造成危害。

九、食品安全应急处理要求

（1）食品加工企业应制订食品安全应急预案，明确应急处置措施和责任人。

（2）在发生食品安全生产事故时，食品加工企业应立即启动应急预案，进行妥善处置，防止事态扩大。

（3）食品加工企业应及时向相关部门报告食品安全事故，接受相关部门的管理和监督。

十、食品加工企业卫生管理要求

（1）食品加工企业应建立健全卫生管理制度，明确各岗位人员卫生职责和任务。

（2）食品加工企业应定期进行卫生检查，发现问题及时整改，确保卫生安全。

（3）食品加工企业应加强员工培训，提高员工的卫生意识和技能水平。

十一、食品安全追溯管理制度

为贯彻实施《中华人民共和国食品安全法》及相关食品法规，应以食品质量安全可追溯性确定食品的类别及安全状态，制订必要的食品安全追溯管理制度。

（1）范围：食品所需原辅材料、食品添加剂、食品相关的索证索票，质量合格证明文件的有效性时长及所有食品相关物料的查验或验收记录情况；生产全程记录及销售、使用、服务的全过程记录。若顾客另有要求时，按顾客的要求处理。

（2）职责：管理员负责原辅材料、食品添加剂、食品相关的索证索票及购销计划和查验，负责对物资进货与贮存进行标识；负责产品质量检验工作等；同时配合做好销售产品的质量安全召回工作，以及标识与追溯的归档管理。各环节人员应负责各自生产过程中产品的标识与追溯。

【知识巩固】

为实施休闲食品生产工艺过程的质量控制，保证食品质量安全，应从哪些环节入手进行合理管控？

【考核要求】

知识目标：懂得基本乡村旅游休闲食品加工卫生规范及安全标准。

职业素养：食品生产从业人员树立正确的安全生产观，把好质量关，出产优质食品。

第四节　乡村旅游休闲食品基本加工技术及常用设备

【学习目标】

（1）掌握乡村旅游休闲食品的一般加工技术。

（2）了解乡村旅游休闲食品加工常用设备。

（3）学会运用合适的加工技术和设备制作乡村旅游休闲食品。

一、食品加工技术

乡村旅游休闲食品的加工技术主要包括清洗、切割、烹饪、调味、烘焙、冷冻等环节。在加工过程中，需要注意食品的卫生安全、营养和口感风味等。例如，在烹饪过程中，应根据食品的种类和特点选择合适的烹饪方式，如煮、蒸、炒等；同时，应注意控制烹饪时间和温度，以保证食品的口感，保持其营养价值。

二、常用设备

乡村旅游休闲食品加工常用设备包括洗涤设备、切割设备、烘焙设备、冷冻设备等。这些设备的选择应考虑食品的加工需求和实际操作条件。例如，对于烘焙设备，可以选择烤箱、烤炉等。

三、食品保存

食品保存是保证食品质量和安全的重要环节。对于乡村旅游休闲食品，应采取适当的保存方式，如冷藏、冷冻等。同时，应注意食品的保质期和保存条件，及时处理过期或变质的食品。

四、食品运输

食品运输是连接食品生产者和消费者的桥梁。在运输过程中，应采取适当的保护措施，如保温、保湿等，以保持食品的新鲜度和质量。同时，应注意运输时间和运输方式的选择，确保食品及时、安全地到达目的地。

五、食品销售

食品销售是实现食品价值的关键环节。在销售过程中，应考虑食品的包装、价格、销售渠道等因素。同时，应注意食品的销售环境和卫生条件，使消费者能放心地购买和食用。

六、食品包装

食品包装是保护食品质量和安全的重要手段。在包装设计过程中，应考虑包装材料的安全性、环保性、透明度等因素，同时应注意包装的美观和实用性。此外，还应根据食品的特点和保质期，选择合适的包装方式和包装材料。

七、食品安全

食品安全是食品生产和销售过程中最基本的要求。在乡村旅游休闲食品的生产和销售过程中，应严格遵守食品安全法规和标准，确保食品的安全和卫生。同时，应加强食品生产的监督和管理，防止食品污染和食品质量问题的发生。

食品一直是人们生活中不可或缺的一部分，而食品加工则是食品生产中重要且关键的环节。随着科学技术的不断发展，食品加工中出现了越来越多的新技术、新产品。这些新技术和新产品不仅提高了食品生产加工的效率，而且提高了食品的品质和安全性，同时也满足了大众对于健康、方便、美味等不同方面的需求。未来，食品加工领域还会涌现更多的新技术和新产品，进一步推动食品行业的发展。

【知识巩固】

乡村旅游休闲食品基本加工技术及常用设备有哪些，如何正确运用新技术或新设备创新出新型休闲食品，请举例说明。

【考核要求】

（1）知识目标：说出乡村旅游休闲食品加工技术及常用设备。

（2）职业素养：在现有食品加工技术和设备基础上，创新和开发新型旅游休闲健康绿色营养食品。

第二章 粮食制品类

第一节 五色糯米饭

【学习目标】

（1）能辨认出制作五色糯米饭的 4 种染色原料。

（2）能独立完成五色糯米饭的生产制作。

（3）养成正确职业习惯，关注食品营养价值及卫生安全。

五色糯米饭是布依族、壮族等少数民族的传统风味小吃，因糯米饭呈黑、红、黄、白、紫 5 种颜色而得名。

每年农历三月初三或清明节前后，广西各族人民普遍制作五色糯米饭。特别是壮族人民，他们十分喜爱五色糯米饭，把它看作吉祥如意、五谷丰登的象征。五色糯米饭五彩缤纷，鲜艳诱人，色、香、味俱佳；其制作过程使用的天然色素对人体有滋补、健身、医疗、美容等功效，还具有特别的清香。糯米饭搭配五花粉蒸肉，味道更是妙不可言。

一、操作准备

1. 原料

糯米 1000 g，枫树叶 150 g，红蓝草 100 g，紫蓝藤 150 g，黄栀子 50 g。

2. 工具

蒸笼，纱布，密筛盆。

二、制作工序

1. 制作染汁

将枫树叶、红蓝草、紫蓝藤、黄栀子分别洗净，放入盛有清水的锅内熬煮，相应提取出黑色、红色、紫色、黄色 4 种染汁，并将染汁过滤备用。

2. 泡米

将洗净的糯米分为 5 份，其中 4 份分别放入黑色、红色、紫色、黄色的染汁内，剩余 1 份放入清水内，保留糯米原色（白色），全部浸泡一晚备用。

3. 装笼成形

将浸泡糯米的染汁和水倒出，沥干糯米的水分，将染好色的糯米依次均匀铺放在已垫有纱布的蒸笼内，蒸煮至糯米软糯即可。

五色糯米饭

三、注意事项

（1）糯米浸泡染色关键：提取植物染汁时要量多汁浓，注意浸泡糯米的水温和时间，尤其是黑色枫树叶汁，浸泡时间须比其他植物染汁的长。

（2）蒸制关键：蒸糯米饭的锅底不要放太多水，防止水开后渗进笼底，导致糯米过于软烂，影响糯米饭的质地和口感。

四、产品创新

五色糯米饭因使用纯植物染汁浸泡糯米，蒸制的糯米饭色彩自然，具有天然的清香，在营养、健康等方面均能符合绿色健康的理念。随着现代技术的进步和工艺的日臻完善，市场上涌现出快捷、方便、易储存的五色糯米预制饭，消费者买回家加热即可直接食用，大大简化了烦琐的泡米、蒸制等环节，这类产品也因此受到越来越多人的喜爱和追捧。

【考核要求】

具体考核要求详见表 2-1。

表2-1 五色糯米饭制作考核要求

序号	考核内容	项目描述	分值	得分
1	职业素养	讲究卫生、爱护环境，自觉遵守食品生产操作规程和相关法律法规	10	
2	知识目标达成情况	能完整复述产品的由来、原料选择、工艺流程及制作要领	20	
3	技能目标掌握情况	能在现有的实训条件下，独立、正确地完成五色糯米饭的每一道制作工序	40	
4	成品质量	五色分明，蒸煮后的糯米油光发亮，粒粒饱满，嚼起来唇齿间充满植物的清香	20	
5	包装储存	能选出合适的包装材料进行正确的包装和储存	10	
合计				

第二节 天等壮族五彩糍粑

【学习目标】

（1）熟悉天等壮族五彩糍粑制作的主要原料、辅料及常用调料。

（2）能独立、规范地完成天等壮族五彩糍粑的生产制作。

（3）养成良好的卫生习惯，增强食品安全意识，制作的产品符合相关质量要求。

天等壮族五彩糍粑是一道具有民族特色的地方传统小吃，其制作工艺独特且精细，成品色彩鲜艳，不仅美观，而且口感独特、香糯可口，受到很多人的喜爱。五彩糍粑代表着五谷丰登、五福临门、喜庆连连。每年春节前后，天等县的家家户户都会制作这道美食，赠送给亲朋好友，祝福他们健健康康、平平安安。人们享用美食的同时，也能感受到浓厚的地方文化。

2021年，天等壮族五彩糍粑制作技艺入选广西壮族自治区第八批自治区级非物质文化遗产代表性项目名录。天等壮族五彩糍粑制作技艺是壮族传承了百年的技艺文化，不同于当下的机械化生产，古法手工制作出来的糍粑能带给人们不一样的感受和体验。

一、操作准备

1. 原料

糯米1000 g，夹石娘250 g，黄姜150 g，红蓝草100 g，艾叶100 g，花生150 g，芝麻250 g，红糖150 g。

2．工具

木甑，石臼。

二、制作工序

1．馅料制作

将花生、芝麻分别炒熟，捣碎后与红糖拌匀，备用。

2．制作染汁

将新鲜采摘的黄姜、艾叶、红蓝草、夹石娘等植物制作成浸泡糯米的染汁。黄姜捣碎后用力挤压出汁，将汁液和糯米一同浸泡数小时，再进行蒸制；艾叶洗净切碎后，与糯米一同上锅蒸，就可以得到绿色的糯米。将红蓝草、夹石娘清洗、切碎后放入锅中熬煮，过滤出的染汁可将糯米分别染成紫色和黑色。

3．蒸制

染色后的糯米与原色糯米分别上木甑蒸制至熟。

4．舂打

将蒸熟的糯米趁热倒入石臼中反复捶打至黏稠上劲。

5．成形

趁着余温，往舂打好的各种颜色糯米团中包入馅料，揉捏成圆形即可。

天等壮族五彩糍粑

三、注意事项

（1）植物染汁制作关键：选用新鲜采摘的植物，初加工时注意煮制提色的水温和时间，防止因温度过高、煮制过久导致染汁色彩不自然、营养流失等。

（2）蒸糯米的传统工艺：选用龙眼、荔枝等果树的木柴来烧火蒸制，这样做出来的糍粑有一股果木的清香味，口感更好。

（3）舂打关键：舂打要速度均匀、力度适中，至黏稠上劲即可进行下一步。

四、产品创新

为满足不同消费者的需求，很多生产厂家在秉承传统制作工艺的基础上，还开发出不同馅料、不同形状的彩色糍粑，如在传统甜馅的基础上增加了栗蓉味、绿豆味、玉米味等，开发出酸菜肉馅、鱼蓉馅、鸡粒馅等各式咸味糍粑；在染色材料上也运用更多种类的植物，使糍粑色彩更加丰富，营养搭配更加均衡。此外，改变模具的形状，可以使产品拥有丰富多样的外表；采用真空包装，可以延长产品保存期，使其便于携带，提高消费者的购买欲望。

【考核要求】

具体考核要求见表2-2。

表2-2　天等壮族五彩糍粑制作考核要求

序号	考核内容	项目描述	分值	得分
1	职业素养	讲究卫生、爱护环境，自觉遵守食品生产操作规程和相关法律法规	10	
2	知识目标达成情况	能完整复述产品的由来、原料选择、工艺流程及制作要领	20	
3	技能目标掌握情况	能在现有的实训条件下，独立完成天等五彩糍粑的每一道制作工序	40	
4	成品质量	甜味适中，色泽鲜艳，规格一致，具有熟、软、糯、香等特点	20	
5	包装储存	能选出合适的包装材料进行正确的包装和储存	10	
合计				

第三节　横县*大粽

【学习目标】

（1）熟悉横县大粽制作的主要原料、辅料及常用调料。

（2）能独立、规范地完成横县大粽的生产制作。

（3）养成良好的卫生习惯，增强食品安全意识。

（4）能够随市场需求创新产品类型，制作的产品符合相关质量要求。

横县大粽是广西著名的传统风味名小吃之一，早在2010年5月就被列入广西壮族自治区第三批自治区级非物质文化遗产代表性项目名录，并连续两届获东

---

*2021年，撤销横县，设立县级横州市。

南亚国际旅游美食节金奖。横县大粽以体大丰腴、色泽光亮、味香鲜美而闻名于海内外。近年来，横县大粽知名度越来越高，吸引众多海内外游客慕名购买品尝。横县大粽一般于农历八月上市，春节期间常常供不应求，深受百姓喜爱。2015年，横县被中国饭店协会授予"中国大粽美食之乡"称号。

一、操作准备

1. 原料

糯米部分：糯米（浸泡后）500 g，精盐10 g，白糖15 g，花生油35 g。

绿豆部分：绿豆（浸泡后）250 g，精盐2 g，白糖2 g，花生油10 g。

肉馅部分：五花肉250 g，精盐2 g，鸡精2 g，白糖5 g，粽酱25 g，五香粉、胡椒粉少许。

2. 工具

粽叶，棉绳适量，钢筋锅。

二、制作工序

1. 原料加工

糯米洗净后用温水浸泡1小时，沥干水，加调味料拌匀待用；绿豆剖开后用温水浸泡，淘去豆壳，沥干水，加调味料拌匀待用；五花肉切成条状，调味腌制2～3小时后备用；粽叶洗净焯水备用。

2. 成形

粽叶铺开，按一层糯米、一层绿豆、一层肉馅、一层绿豆、一层糯米的顺序放料。然后将粽叶交替对折成饱满的三角形，用棉绳扎紧。

3. 煮制

水烧开，放入包好的粽子，煮制5～6小时后捞起。

横县大粽

三、注意事项

（1）成形关键：粽子不宜包得太紧，否则难以熟透；也不宜包得太松，否则煮制时容易松散。

（2）煮制关键：煮制时，中途加 2 ～ 3 次水，要保证水能完全浸没粽子。水开后，火不宜太大，保持菊花心状的小火即可。根据粽子的大小调整煮制时间，一般 1000 g 大小的粽子煮 5 ～ 6 小时。

四、产品创新

为适应市场轻食化趋势，很多生产厂家在秉承传统制作工艺的基础上，开发出不同规格、方便携带的"瘦身版"粽子，馅料也从绿豆猪肉拓展到猪脚、排骨、板栗、海鲜、桂花、茉莉花等，丰富了粽子的口味，也提升了产品的食疗价值。新产品一经推出，深受消费者好评。经过高温杀菌、真空包装等工艺处理，粽子的保质期能延长到一年，横县大粽也能作为广西的特色伴手礼跟随华侨华人走出国门，飘香四海。

【考核要求】

具体考核要求见表 2-3。

表 2-3 横县大粽制作考核要求

序号	考核内容	项目描述	分值	得分
1	职业素养	讲究卫生、爱护环境，自觉遵守食品生产操作规程和相关法律法规	10	
2	知识目标达成情况	能完整复述产品的由来、原料选择、工艺流程及制作要领	20	
3	技能目标掌握情况	能在现有的实训条件下，独立、正确地完成横县大粽的每一道制作工序	40	
4	成品质量	粽子外观呈饱满的三角形，口味咸淡适中，色泽自然，规格一致，具有熟、软、糯、香等特点	20	
5	包装储存	能选出合适的包装材料进行正确的包装和储存	10	
合计				

第四节　武鸣灰水粽

【学习目标】

（1）熟悉武鸣灰水粽制作的主要原料、辅料及常用调料。

（2）能独立、规范地完成武鸣灰水粽的生产制作。

（3）养成良好的卫生习惯，增强食品安全意识，制作的产品符合相关质量要求。

灰水粽又叫凉粽、碱水粽，是由经灰水浸泡后变黄的糯米包制而成的。浸泡糯米的灰水是取稻草、芝麻等植物的枝叶烧成灰放入水中过滤后制成的，因此灰水粽具有草木灰特有的清香，煮熟后多呈淡黄色或者棕黄色。灰水粽流行于广西、广东和福建一带，对于很多人来说，灰水粽是一道家常点心，带有父母或祖父母的味道，每逢春节、端午节它都会被呈上饭桌。2020 年，武鸣灰水粽制作技艺被列入广西壮族自治区第八批自治区级非物质文化遗产代表性项目名录。

一、操作准备

1. 原料

糯米 1000 g，清水 1000 g，红豆沙 200 g，稻草、芝麻等植物的枝叶若干。

2. 工具

粽叶，棉绳适量。

二、制作工序

1. 灰水制作

将稻草、芝麻等植物的枝叶烧制成草木灰，取 150 g 加入 1000 g 清水中，煮沸后转小火熬煮 2 小时，冷却后澄清一夜，第二天将澄清好的草木灰水用多层纱布或咖啡滤纸过滤，即得到灰水（若杂质较多则多过滤几次）。灰水多呈淡黄色，有的深至茶色。

2. 糯米处理

糯米洗净，沥干水分，放入灰水中浸泡 8 小时以上，使糯米充分吸收灰水。将泡好的糯米取出，再次清洗，以去除多余的灰水，将清洗后的糯米沥干水分备用。

3. 粽叶处理

粽叶浸泡清水中，清除其表面杂质并使其变得柔软，浸泡后用清水冲洗，沥干水分待用。

4. 粽子成形

取两片粽叶重叠，放入适量的糯米，如果有馅料，如红豆沙或蛋黄等，也可以放入。将粽叶卷折成长条形，确保糯米和馅料被完全包裹在内，使用棉绳绑紧。

5. 煮制

将包好的粽子放入大锅中，加入足量的水。将锅置于火上，大火煮沸后转为中小火，继续煮 2 ～ 4 小时（具体时间取决于粽子的大小和馅料的多少）。熟后捞起来晾凉。食用时蘸白糖、蜂蜜或红糖，冷藏后会更好吃。

武鸣灰水粽

三、注意事项

（1）灰水制作关键：稻草秆处理时应剥掉外皮，只留里面的芯，避免稻草上的泥土影响灰水粽的口感。过滤灰水时注意不要掺入下层的水及稻草灰，否则会影响灰水粽的口感。

（2）煮制关键：煮制时，中途加 2 ～ 3 次水，保证水能没过灰水粽。水开后，火不宜太大，保持菊花心状的小火即可。根据灰水粽的大小调整煮制时间，一般总量为 1000 g 的灰水粽煮 2 ～ 4 小时。

四、产品创新

创新是推动灰水粽发展的关键，只有不断尝试新的口味、形状、包装和制作工艺，才能开发出满足人们不同需求的特色产品，让更多人了解和喜爱灰水粽这种传统食品。如包制时添加鲍鱼、瑶柱、黑松露等，增加灰水粽的风味和营养价值。也可以将灰水粽做成各种可爱的形状，吸引小朋友和年轻人的关注。

【考核要求】

具体考核要求见表 2-4。

表2-4 武鸣灰水粽制作考核要求

序号	考核内容	项目描述	分值	得分
1	职业素养	讲究卫生、爱护环境，自觉遵守食品生产操作规程和相关法律法规	10	
2	知识目标达成情况	能完整复述产品的由来、原料选择、工艺流程及制作要领	20	
3	技能目标掌握情况	能在现有的实训条件下，独立、正确地完成武鸣灰水粽的每一道制作工序	40	
4	成品质量	色泽金黄，晶莹透明，软糯筋道	20	
5	包装储存	能选出合适的包装材料进行正确的包装和储存	10	
合计				

第五节 龙州沙糕

【学习目标】

（1）熟悉龙州沙糕制作的主要原料、辅料及常用调料。

（2）了解龙州沙糕产品特色及文化特色。

（3）熟悉龙州沙糕制作的每一个步骤及要领。

（4）能够根据市场需求创新产品，提升产品品质，扩大市场影响力。

龙州沙糕起源于民间，有着非常悠久的历史。每逢春节，壮族农家常会用糯米和白糖制作沙糕，再用红纸将沙糕包装起来，寓意来年生活甜甜蜜蜜、日子红红火火。因为"糕"与"高"同音，沙糕还寄托着壮族儿女期盼过上幸福生活、一年比一年好的美好愿望。在春节时探亲访友，当地人常常送上家中自制的沙糕，既能分享亲自制作的美食，同时也给予亲友美好的祝福。如今，龙州沙糕声名远扬，已不再局限于当地销售，正逐渐走向更广阔的市场。

龙州沙糕作为壮族的民族特色年节性食品，享誉广西，并在当地的饮食文化中占据着重要的地位。历经多年的传承和发展，龙州沙糕成为壮族人民灿烂饮食文化史的见证，同时也是左江流域民俗风情和骆越文化魅力的体现。

一、操作准备

1. 原料

糯米1000 g，白糖250 g，黑芝麻250 g，猪油150 g。

2. 工具

方形木格，切刀，炒锅。

二、制作工序

1. 粉料加工

糯米洗净，炒制后晾凉并碾成粉；将糯米粉装到布袋或簸箕里，放到淋过热水的沙堆架上，使糯米粉吸潮形成潮粉。

2. 糖料加工

锅中加入水，烧开后倒入白糖，先用中火将糖熬化，随后转小火，不停搅拌，待糖浆舀起能滴拉成丝时出锅，放凉备用。

3. 馅料加工

芝麻炒熟磨碎，加白糖、猪油搅拌均匀。

4. 和料揉搓

将潮粉与糖浆一起混合反复搅拌、揉搓均匀，直至糕粉达到一抓能成团、团一碰就散的状态。

5. 下架压制

将搓揉好的糕粉放入方木格中，按照一层糕粉、一层馅料、再一层糕粉的顺序铺平，压紧、压实。

6. 出架包装

用刀尺划出固定规格，按规格切成块状后包装即可。

龙州沙糕

三、注意事项

（1）潮粉制作关键：炒熟碾磨的糯米粉要放在潮湿的环境中自然潮解，潮解的时间随环境湿度灵活调整。

（2）和料揉搓关键：掌握潮粉、糖浆的比例和干湿程度，糕粉以能结块成团、团触碰即散的状态为宜。

（3）压制成形：掌握压制的力度及手法，压制要压到位，切块时应整齐，规格保持一致。

四、产品创新

为了更好地满足消费者的需求，扩大龙州沙糕的市场影响力，龙州县等地通过举办沙糕文化节、美点沙糕制作创新大赛等活动，使市场上出现了琳琅满目、口味各异的沙糕新品种，如五仁果味沙糕、鲜香辣味沙糕、玲珑兔形沙糕、抹茶夹馅沙糕等。随着工艺的改进，沙糕的生产效率也大大提高，推动了龙州沙糕规模化、标准化生产，沙糕产品质量变得越来越稳定。

【考核要求】

具体考核要求见表2-5。

表2-5　龙州沙糕制作考核要求

序号	考核内容	项目描述	分值	得分
1	职业素养	讲究卫生、爱护环境，自觉遵守食品生产操作规程和相关法律法规	10	
2	知识目标达成情况	能完整复述产品的由来、原料选择、工艺流程及制作要领	20	
3	技能目标掌握情况	能在现有的实训条件下，独立、正确地完成龙州沙糕的每一道制作工序	40	
4	成品质量	香甜软糯，口感细腻，有浓郁的米香味，食而不腻，入口即化	20	
5	包装储存	能选出合适的包装材料进行正确的包装和储存	10	
合计				

第六节　藤县太平米饼

【学习目标】

（1）熟悉藤县太平米饼制作的主要原料、辅料及常用调料。

（2）能独立、规范地完成藤县太平米饼的生产制作。

（3）养成良好的卫生习惯，增强食品安全意识，制作的产品符合相关质量要求。

藤县太平米饼皮薄馅多，口感软糯，入口即化，易于存放，在藤县家喻户晓，是当地民间过年的传统美食。以前糯米饼一般自制，随着时代的发展，一些专门从事糯米饼制作的加工作坊应运而生。每逢春节等节庆，太平镇、古龙镇、濛江镇、东荣镇、和平镇、平福乡、大黎镇等乡镇的群众都会制作米饼馈赠亲友和自家食用,以祈求往后的日子风调雨顺,如米饼般香甜。太平米饼寄托了人们对美好生活的向往,展示了民间传统文化的魅力,深受广大群众喜爱。2019 年 12 月,由藤县四通食品厂生产的"狮山米饼"获广西壮族自治区商务厅主办的"第八届广西民族地方特色美食大赛"金奖。

一、操作准备

1. 原料

糯米 1000 g,糖浆 150 g,芝麻 50 g,花生 50 g,瓜子仁 50 g,冬瓜糖 75 g,水晶肉 75 g,麦芽糖浆 100 g,花生油 75 g。

2. 工具

印饼模,炒锅,蒸屉。

二、制作工序

1. 原料加工

糯米炒至微黄,机器碾磨成粉,静置润粉,加糖浆揉搓成松散的粉团(即饼坯)备用。

2. 馅料制作

芝麻、花生、瓜子仁炒熟碾碎,冬瓜糖、水晶肉切粒,分别加入麦芽糖浆、花生油混合拌匀成馅。

3. 米饼成形

按一层粉团、一层馅料、再一层粉团的顺序放入圆形印饼模中,铺平压紧,轻轻脱模置于蒸屉中摆放。

4. 蒸制

蒸约 5 分钟,至饼身发软即可。

藤县太平米饼

三、注意事项

（1）米粉加工：炒好的糯米碾成粉末后要摊在地上晾几天，让米粉有润湿感，俗称"吸地气"，这一步是产品口感松软的关键。

（2）粉团制作关键：灵活掌握糖浆和米粉拌和的比例，过多或过少都会影响米饼的成形和口感。

（3）成形关键：粉团和馅料的量均匀一致，入模压制时力度合适，过重或过轻都会影响蒸制后口感。

四、产品创新

近年来，得益于农村电子商务政策的扶持和快递业务的迅速发展，藤县太平米饼的销量日益增长，当地的生产厂商也积极寻求突破，推陈出新，从饼坯、馅料、外形、包装等各个方面进行改良。例如，在馅料方面创新推出叉烧、绿豆、杏仁、肉松、紫薯、葛根、麦芽糖等口味，在饼坯方面推出以高粱、玉米、艾草、紫薯等为原料的品种，传统加创新，风味更独特。如今，太平米饼经过改良和创新，不仅拥有许多新式口味，还作为地方特色产业，发展出从原料生产到米饼制作再到市场销售的一条龙产业链，有力地带动了地方经济的发展，活跃了消费市场，发展前景广阔。

【考核要求】

具体考核要求见表2-6。

表2-6　太平米饼制作考核要求

序号	考核内容	项目描述	分值	得分
1	职业素养	讲究卫生、爱护环境，自觉遵守食品生产操作规程和相关法律法规	10	
2	知识目标达成情况	能完整复述产品的由来、原料选择、工艺流程及制作要领	20	
3	技能目标掌握情况	能在现有的实训条件下，独立、正确地完成太平米饼的每一道制作工序	40	
4	成品质量	用料讲究、馅多皮薄、入口绵软、口感香甜	20	
5	包装储存	能选出合适的包装材料进行正确的包装和储存	10	
合计				

第七节 南宁老友粉

【学习目标】

（1）熟悉南宁老友粉制作的主要原料、辅料及常用调料。

（2）熟悉南宁老友粉的产品特色。

（3）能独立、规范地完成南宁老友粉的生产制作，掌握其制作关键。

（4）体验市场上知名的老友粉，比较其口味及营销策略的差异。

老友粉是南宁的本土美食，于 2008 年入选广西壮族自治区第二批自治区级非物质文化遗产代表性项目名录，与柳州的螺蛳粉、桂林的桂林米粉同被称为广西"三大米粉"。老友粉以独特的烹饪方式，把酸和辣巧妙地结合在一起，形成其独特的风味。酸辣可口的老友粉夏天吃着开胃，冬天吃着驱寒，是当地特色小吃的代表，非常具有民生气质。如今，老友粉已经成为南宁的标志性特色小吃之一，无论是本地市民还是外地游客都十分喜爱，认为到南宁必吃老友粉。

一、操作准备

1. 原料

主料：切粉 250 g。

辅料：酸笋丝 50 g，肉丝 45 g，牛骨、鸡架骨等适量。

调料：豆豉 8 g，辣椒酱 10 g，蒜蓉 7 g，米醋 5 g，料酒 5 g，生抽 4 g，盐 0.5 g，味精 1 g，葱花 3 g，花生油 15 g。

2. 工具

炒锅，汤锅。

二、制作工序

1. 上汤制作

牛骨、鸡架骨先入沸水锅中余 10 分钟，捞出后放入不锈钢深锅中，加入清水大火烧开，然后转小火煮 5 小时，捞出汤渣，加盐、鸡汁、白糖、味精调味即可。

2. 炒辅料

锅上火加入花生油，烧至五成热时加入蒜蓉爆香，加入豆豉、辣椒酱、酸笋丝、肉丝，再加生抽、米醋、料酒炒匀。

3. 煮粉

加入上汤大火烧沸，调入盐、味精调味，再加入切粉煮约 1 分钟，出锅前撒上葱花、浇入红油（可根据个人口味需求添加）即可。

南宁老友粉

三、注意事项

（1）老友粉必不能少的佐料是酸笋、大蒜、豆豉，缺少任意一样都不是老友粉。其中豆豉以南宁扬美古镇生产的为最佳。

（2）汤水可以是高汤、骨头汤、清水等，但必须烧开；主料可以是干粉（干粉需要提前泡软），也可以是面、伊面等。

（3）肉类可以根据个人口味选用牛肉、羊肉、猪肉、海鲜等。

（4）炒辅料时应用大火，方可炒出酸笋、豆豉、大蒜的香味。

四、产品创新

为满足现代消费者对健康和风味的要求，可以对老友粉的食材进行创新。例如使用全谷物米粉，增加膳食纤维；添加时令蔬菜或有机蔬菜，既丰富口感，又能使产品符合消费者对健康的追求；合理搭配高蛋白、低脂肪的肉类食材，降低产品的热量，提高营养价值。

【考核要求】

具体考核要求见表2-7。

表2-7　南宁老友粉制作考核要求

序号	考核内容	项目描述	分值	得分
1	职业素养	讲究卫生、爱护环境，自觉遵守食品生产操作规程和相关法律法规	10	
2	知识目标达成情况	能完整复述产品的由来、原料选择、工艺流程及制作要领	20	
3	技能目标掌握情况	能在现有的实训条件下，独立、正确地完成南宁老友粉的每一道制作工序	40	
4	成品质量	酸、辣、咸、香兼备，汤料香浓，配菜合理，营养丰富	20	
5	包装储存	能选出合适的包装材料进行正确的包装和储存	10	
合计				

第八节　宾阳酸粉

【学习目标】

（1）熟悉宾阳酸粉制作的主要原料、辅料及常用调料。

（2）能独立、规范地完成宾阳酸粉的生产制作。

（3）养成良好的卫生习惯，增强食品安全意识，制作的产品符合相关质量要求。

宾阳酸粉源于南宁市宾阳县，因当地夏季天气潮湿炎热，人们往往食欲不振，老百姓就采用凉拌的方式，在普通米粉中加入酱汁和酸醋，这样制作出的米粉既可消暑，又可增加食欲，并有一种独特的风味。盛夏、酷秋时节吃上一碗，顿感凉爽透体、心旷神怡、精神倍增，具有辟邪祛暑之奇效。宾阳酸粉一经推出，备受好评，延续至今，广为流传。作为冷盘小吃，宾阳酸粉中的米粉雪白幼嫩，脆皮、炸花生等配料金黄喷香，放上几片清脆的酸黄瓜和少许鲜红的辣椒末，一碗粉中爽滑可口、酸甜适中、柔滑香脆的口感兼而有之，令人垂涎欲滴，胃口大开。

1991 年，在南宁举行的第四届全国少数民族传统体育运动会中，宾阳酸粉被指定参加食品小吃一条街展销。1995 年，在南宁市南方大酒店举行的全区名菜、名点、名小吃评比活动中，宾阳酸粉获"优秀小吃"称号。2010 年，经广西壮族自治区人民政府同意，宾阳酸粉制作技艺入选广西壮族自治区第三批自治区级非物质文化遗产代表性项目名录。

一、操作准备

1. 原料

主料：米粉 400 g。

辅料：带皮五花肉 50 g，黄瓜 50 g，花生 25 g，牛里脊肉 50 g，卤水 50 g，脆炸粉 50 g，指天椒 15 g。

调料：盐、鸡精、生抽、料酒、白醋、大红浙醋、白糖、蜜糖、冰糖等适量。

2. 工具

锡纸，保鲜膜，擀面杖，烤箱，汤桶，铁锅。

二、制作工序

1. 酸粉汁制作

水中加入猪骨、鸡骨、盐、酱油、水等原料煮制上汤，配以花椒、八角、桂皮、香叶、姜、葱等香料，上汤中继续加入白醋、盐、大红浙醋、冰糖、指天椒等调料粉煮制成酸粉汁。

2. 牛巴制作

牛里脊肉绞碎，加入鸡精、生抽、白糖、蜜糖、盐拌匀。取一张锡纸，把牛肉放在其中，然后再用一张保鲜膜铺在牛肉的上面，用擀面杖把牛肉擀成薄薄的一片，拿掉保鲜膜，把牛肉放到烤盘中，入烤箱150 ℃烤10分钟，取出倒掉水分，再放入烤箱中烤约10分钟即可。

3. 脆皮制作

五花肉切成条状，加盐、鸡精、料酒腌制入味备用。脆炸粉加水调成糊，把腌好的五花肉裹上脆炸糊，放入三四成热的油锅中炸至金黄酥脆。

4. 炸花生

冷锅冷油下花生，小火翻炒直至花生变胖，起锅，撒少许盐即可。

5. 成品

米粉切成长8 cm、宽2 cm的块，装碟，粉上放入各种配料，最后淋上卤水和酸粉汁即可。

宾阳酸粉

三、注意事项

（1）酸粉汁熬制时，注意用慢火长时间熬制。酸粉汁要突出酸味，其次是甜味，咸度较弱。

（2）注意配料加工炸制的油温、火候、时间，以及成品的成熟度等。

四、产品创新

传统的宾阳酸粉制作工艺已经很成熟，但为了提高生产效率和产品品质，丰富产品的口感，可以尝试进行如下创新改良：在原料选择上，选用优质的米粉，确保粉条的口感和弹性；使用新鲜的蔬菜、肉类等食材，保证酸粉的风味。在制作技艺上，探索酸粉汁新的发酵方式和时长，使酸粉更具风味。同时，研究新的调味料配比，以适应现代人的口味需求。另外，可以考虑引入现代化的生产线和设备，实现酸粉的自动化生产，提高效率并降低成本。

【考核要求】

具体考核要求见表2-8。

表2-8 宾阳酸粉制作考核要求

序号	考核内容	项目描述	分值	得分
1	职业素养	讲究卫生、爱护环境，自觉遵守食品生产操作规程和相关法律法规	10	
2	知识目标达成情况	能完整复述产品的由来、原料选择、工艺流程及制作要领	20	
3	技能目标掌握情况	能在现有的实训条件下，独立、正确地完成宾阳酸粉的每一道制作工序	40	
4	成品质量	米粉细嫩爽滑，汁水酸甜爽口，配菜爽脆喷香	20	
5	包装储存	能选出合适的包装材料进行正确的包装和储存	10	
合计				

第九节 武鸣生榨米粉

【学习目标】

（1）熟悉生榨米粉制作的主要原料、辅料及常用调料。

（2）能独立、规范地完成生榨米粉的生产制作。

（3）养成良好的卫生习惯，增强食品安全意识，制作的产品符合相应质量要求。

生榨米粉是一道广西特色小吃，在南宁市武鸣区、邕宁区、马山县以及河池市都安瑶族自治县、大化瑶族自治县等地最为常见，生榨米粉软、滑、香，并以与众不同的微酸而闻名。2018年，武鸣生榨米粉制作技艺入选广西壮族自治区第七批自治区级非物质文化遗产代表性项目名录。

南宁市武鸣区在节庆有做榨粉、吃榨粉的习俗，比如农历三月三、四月八、五月五、十月十五及各种节庆等。武鸣生榨米粉以陆斡镇、府城镇、锣圩镇、灵马镇等乡镇的最为出名。据了解，南宁市武鸣区有500多家生榨米粉店，其中以陆斡、府城人开的店最有名。

一、操作准备

1. 原料

大米 1000 g，猪肉末 250 g，大头菜 250 g，花生 100 g，猪筒骨 1 根，葱、姜、香菜、紫苏适量，各式调料少许。

2. 工具

铁锅、汤桶、手压榨模等。

二、制作工序

1. 佐料制作

猪筒骨加姜、葱、料酒熬煮成鲜汤备用；猪肉末和大头菜粒一起入锅炒成面臊，调好味备用；花生炸熟备用；葱、香菜、紫苏切碎备用。

2. 米粉制作

大米用清水浸泡 4～6 小时，过滤至半干，发酵 24 小时，再重新泡洗发酵，反复 5 天（次）后，将浸泡发酵好的大米置于磨粉机中磨成湿粉，磨好的湿粉滚揉成粉团，用生铁锅将粉团煮到表皮略熟，煮好的粉团切成块后用石磨或石碓磨碾打成黏性很高且质地均匀的粉浆团；将粉浆团边搓边洒水搓揉成细腻黏滑的粉浆，并对粉浆进行沉淀、脱水、过滤；过滤后的米浆倒入特制的手压榨模或榨米粉机中，将米浆挤出，形成细长的米粉。

3. 烹煮成菜

将生榨出的米粉放入沸水中煮熟，捞出装碗，配以浇头、酱油、辣椒、花生等各种佐料和调料一起食用。

武鸣生榨米粉

三、注意事项

（1）选料关键：以早稻糙米最佳。

（2）加工关键：泡米时夏天用清水，冬天用温水，确保大米完全吸收水分并变得足够柔软。浸泡发酵后的大米使用石磨进行研磨，或使用电动磨机，要确保磨得非常细滑，没有任何颗粒。

（3）冷却与切割：米粉煮熟后需要迅速冷却，以保持其口感。

（4）在制作过程中，应确保工具和材料的清洁，以保证米粉的品质和食品安全。

四、产品创新

生榨米粉作为一道具有深厚历史和文化底蕴的传统食品，创新与发展是保持其生命力和市场竞争力的关键。可以考虑在现有原料基础上引入新的食材，如有机蔬菜、特种豆类等，以丰富其口感和提升其营养价值；探索使用新型的食品加工技术，如真空低温烹饪等，以最大限度地保留食材的原汁原味和营养。

随着健康饮食观念的普及，越来越多的人开始关注食品的营养成分。可以通过合理的食材搭配和营养配比，推出低热量、低脂肪、高纤维等健康版本的生榨米粉，满足不同消费者的需求。同时还可以深挖生榨米粉背后的历史文化内涵，将其与旅游、文化创意等领域相结合，打造具有地方特色的文化品牌。例如，可以开发与生榨米粉相关的文创产品、主题餐厅等，提升品牌的文化价值。

【考核要求】

具体考核要求见表2-9。

表2-9　生榨米粉制作考核要求

序号	考核内容	项目描述	分值	得分
1	职业素养	讲究卫生、爱护环境，自觉遵守食品生产操作规程和相关法律法规	10	
2	知识目标达成情况	能完整复述产品的由来、原料选择、工艺流程及制作要领	20	
3	技能目标掌握情况	能在现有的实训条件下，独立、正确地完成生榨米粉的每一道制作工序	40	
4	成品质量	香味独特，口感细腻，爽滑有嚼劲	20	
5	包装储存	能选出合适的包装材料进行正确的包装和储存	10	
合计				

第十节　巴马火麻糊

【学习目标】

（1）熟悉巴马火麻糊制作的主要原料、辅料及常用调料。

（2）能独立、规范地完成巴马火麻糊的生产制作。

（3）养成良好的卫生习惯，增强食品安全意识，制作的产品符合相关质量要求。

巴马火麻糊产于世界著名的长寿之乡巴马。大石山区的火麻受地理、气候、环境、土壤、水质等独特条件的影响，生长周期长，其果实火麻仁含有大量的微量元素和不饱和脂肪酸，是其他地方火麻仁无可比拟的。巴马火麻糊是以巴马火麻仁为主要原料，配以墨米等寿乡特色农产品，经现代工艺精制而成的天然健康食品，食之润滑、浓香，是居家旅游、休闲自享、馈赠亲友的佳品。

一、操作准备

1. 原料

巴马火麻仁 100 g，墨米 50 g，糖 50 g，温水 100 g。

2. 工具

烤箱，炒锅，碗。

二、制作工序

1. 火麻粉制作

火麻仁焙干，墨米炒香，两者一起按照一定比例放入料理机打碎成粉，备用。

2. 火麻糊调制

火麻粉入碗，加少许凉开水稀开，再兑入热水，边倒热水边搅成浓稠合适的糊状，最后加适量的糖拌匀即可。

三、注意事项

（1）火麻粉制作关键：配料要焙烤干燥，打粉要尽可能地细。

（2）火麻糊调制关键：一定要先用少许凉开水稀释后再用热水冲调，否则会使粉糊不细腻、不均匀。

巴马火麻糊

四、产品创新

在保持巴马火麻糊原有特色的基础上，可以尝试添加其他食材，如坚果、果干、燕麦或其他具有特定功能的成分，以丰富口感，提高其保健效果和营养价值，满足不同人群的需求。创新和改良要考虑市场需求和消费者的接受程度，还需要注意食品安全和卫生问题，确保产品的质量和安全性。

【考核要求】

具体考核要求见表2-10。

表2-10　巴马火麻糊制作考核要求

序号	考核内容	项目描述	分值	得分
1	职业素养	讲究卫生、爱护环境，自觉遵守食品生产操作规程和相关法律法规	10	
2	知识目标达成情况	能完整复述产品的由来、原料选择、工艺流程及制作要领	20	
3	技能目标掌握情况	能在现有的实训条件下，独立、正确地完成巴马火麻糊的每一道制作工序	40	
4	成品质量	细腻香滑，爽润可口	20	
5	包装储存	能选出合适的包装材料进行正确的包装和储存	10	
合计				

第三章　果蔬制品类

第一节　南宁酸嘢

【学习目标】

（1）熟悉南宁酸嘢制作的原料、调料及制作流程。

（2）能按照规范独立完成南宁酸嘢的制作。

（3）养成良好的卫生习惯，增强食品安全意识，制作的产品符合相关质量要求。

酸菜，南宁方言称其为"酸嘢"，是地方传统名小吃，采用当地产时令果蔬，配以食醋、辣椒、白糖等腌制而成。酸嘢遍布广西全境，桂北以腌制时间长、辣烈、酸浓、品陈为特色，桂南以生冷、新鲜、淡酸、微甜带辣为特色。桂南酸嘢尤以南宁的最为著名，至今已有300年历史。南宁酸嘢一般以木瓜、杧果、扁桃、菠萝、桃、李、梨、豆角、萝卜、黄瓜、莲藕、杨桃、椰菜、芥菜、大头菜、生姜、大蒜等新鲜果蔬为原料，佐以食醋、食盐腌制1小时即成（豆类、菜类要腌制1～3天）。城乡街头巷尾随处可见流动酸嘢摊，摊上备有辣椒、酸醋、椒盐，供食客随意取用蘸食。

一、操作准备

1. 原料

莲藕150 g，李100 g，青杧果150 g，杨桃100 g，扁桃100 g，食盐150 g，凉开水500 g，指天椒20 g，醋精100 g，白糖100 g。

2. 工具

洗菜盆，带盖玻璃容器，漏勺。

二、制作工序

1. 原料初加工

各类果蔬洗净，沥干水分，切块（可以根据自己喜好切成各种形状）将切好的原料放入盆里，倒入食盐，搅拌均匀，腌制1小时备用。

2. 腌料水制作

凉开水、指天椒、食醋、白糖等按照一定比例倒在一起搅拌均匀，使白糖彻底溶化，制成腌料水。

3. 腌制

将初加工的原料取出，用清水冲洗一下，控干水分，装进带盖玻璃容器，将调好的腌料水倒进去，腌料水应没过果料表面，腌制入味后蘸椒盐或辣椒面食用。

南宁酸嘢

三、注意事项

（1）选用新鲜的原材料，以保证口感和风味。

（2）掌握盐、糖、醋等调料的比例，可以根据个人口味进行调味，使酸嘢更符合个人喜好。

（3）注意腌制的温度和时间，以免腌制过度或不足导致口感不佳。腌制适度后及时取出酸嘢，以免酸嘢在容器中继续腌制而导致口感变软。

四、产品创新

随着旅游业和餐饮业的发展，各地的城市化进一步加快，酸嘢作为礼品、风味小吃和配菜，越来越受大众的喜欢。面对巨大的市场成长空间，在酸嘢取得较好业绩和拥有较宽广销售渠道的基础上，对其原料进行深加工和产品包装的改良，可以更好地服务旅游、餐饮等行业顾客的需求。要推广南宁酸嘢，还要提升产品的知名度，加强地方特色品牌文化延伸及地方文化特产的宣传，实现利润的增长。

【考核要求】

具体考核要求见表3-1。

表3-1　南宁酸嘢制作考核要求

序号	考核内容	项目描述	分值	得分
1	职业素养	讲究卫生、爱护环境，自觉遵守食品生产操作规程和相关法律法规	10	
2	知识目标达成情况	能完整复述产品的由来、原料选择、工艺流程及制作要领	20	
3	技能目标掌握情况	能在现有的实训条件下，独立、正确地完成南宁酸嘢的每一道制作工序	40	
4	成品质量	口感酸甜，质地脆爽，生津开胃	20	
5	包装储存	能选出合适的包装材料进行正确的包装和储存	10	
合计				

第二节　红糟酸

【学习目标】

（1）熟悉红糟酸制作的主要原料及制作工序。

（2）能独立、规范地完成红糟酸制作，并熟悉制作的注意事项和制作要领。

（3）培养良好的学习习惯，注重细节，增强食品安全意识，制作的产品符合相关质量要求。

红糟酸是武宣县的特色风味食品。红糟色泽鲜红、香醇厚重，不仅可用于腌制时令蔬菜，也可作为菜肴的佐料。用它腌制的子姜、豆角、辣椒、黄瓜、木瓜、萝卜、荞头、刀豆和蒜薹等时令蔬菜，色艳味浓，酸、甜、咸、辣、香、脆兼而有之，口感风味俱佳，入口提神醒脑，生津开胃；用作佐料制作出的红糟酸猪肚、红糟鱼等可口佳肴，既可去除食材本身的腥味，又让肉质滑润脆嫩，让人回味无穷，故当地有"一天不吃酸，两腿打蹿蹿"之说。红糟酸是广西接待宾客的传统特色风味佳肴。

一、操作准备

1. 原料

大米1000 g，红糟种100 g，米酒50 g，鲜姜（或其他蔬果）1000 g，红辣椒500 g，大蒜500 g。

2. 工具

酸坛、陶罐或玻璃瓶，菜刀，调料瓶，搅拌棒。

二、制作工序

1. 红糟制作

将优质大米煮成熟饭，加入红糟种，配上适量的酸醋和米酒，在每年夏季高温的时节，经三洗三发酵晾凉后，雪白的米饭就变成颜色鲜红、香味扑鼻的红糟。

2. 原料加工发酵

姜切片，大蒜、辣椒切碎，将所有原料和红糟一起放到盆子里搅拌均匀，装入酸坛，盖上酸坛盖，在坛沿放上一圈水，静置发酵 20 天即可。

红糟酸姜

三、注意事项

（1）原料选择：选取新鲜、无病虫害的蔬菜或水果，如李、黄瓜、萝卜、生姜、洋葱等，洗净并晾干后再放入红糟中。

（2）发酵关键：发酵时酸坛放置于阴凉处，其间需要更换坛沿的水，保持酸坛清洁和密闭。

四、产品创新

传统的红糟酸制作工艺主要依靠自然发酵，受环境、温度、湿度等因素影响较大，且发酵周期较长。为了提高红糟酸的制作效率和质量，近年来通过筛选优良菌种，优化发酵微生物的组成等，提高了红糟的发酵效率和酸度；采用先进的控温技术，可以使发酵过程更加稳定，缩短发酵周期，大幅提高产品的质量。

【考核要求】

具体考核要求见表3-2。

表3-2　红糟酸制作考核要求

序号	考核内容	项目描述	分值	得分
1	职业素养	讲究卫生、爱护环境，自觉遵守食品生产操作规程和相关法律法规	10	
2	知识目标达成情况	能完整复述产品的由来、原料选择、工艺流程及制作要领	20	
3	技能目标掌握情况	能在现有的实训条件下，独立、正确地完成红糟酸的每一道制作工序	40	
4	成品质量	色泽鲜红，香醇厚重，酸中带辣，辣中溢香，口感风味俱佳，生津开胃	20	
5	包装储存	能选出合适的包装材料进行正确的包装和储存	10	
合计				

第三节　马蹄糕

【学习目标】

（1）熟悉马蹄糕的制作原料及各种原料的配比。

（2）熟悉马蹄糕的制作步骤。

（3）熟练操作技能，能进行产品创新和改良。

马蹄糕是岭南地区一种传统甜点小吃，以马蹄粉为主要原料蒸制而成。马蹄糕色茶黄，呈半透明状，可折而不裂，撅而不断，软、滑、爽、韧兼备，吃起来香甜扑鼻，松软可口。对于不少人而言，马蹄糕不只是点心，还承载着童年的记忆。

一、操作准备

1. 原料

马蹄粉250 g，生粉35 g，白糖350 g，水1250 g，去皮马蹄100 g。

2. 工具

厚底锅，炒勺，不锈钢方托盘、蒸笼。

二、制作工序

1. 调制糕浆

马蹄粉、生粉加水500 g，稀开成生浆；厚底锅洗净后烧热，加入白糖并炒至焦糖色，加入剩下的750 g水，煮开；将煮开的糖水倒入稀开的生浆中，慢慢搅拌成浓稠度适中的稠浆状，最后拌入马蹄片或颗粒，拌匀待用。

2. 成形

方托盘洗净后沥干水，扫油，将糕浆倒入其中，摊平。

3. 蒸制

锅中加水烧开，架上蒸笼，放上装有糕浆的方托盘，盖上盖子中火蒸约20分钟，至糕体透明凝固。

4. 装碟

取出，冷却，脱盘，切块装碗即可。

马蹄糕

三、注意事项

（1）比例正确：马蹄粉吸水能力较强，加水量通常为马蹄粉的5～6倍。为了增加马蹄糕的入口韧滑性，可以掺入少许的生粉。

（2）糕浆调制关键：注意糕浆的浓稀程度及生熟度，以用勺舀起时呈稠线状流下为宜。

四、产品创新

随着时间的推移，人们研究出各种马蹄糕品种，形式越来越丰富，有桂花马蹄糕、千层马蹄糕、透明马蹄糕、生磨马蹄糕、油炸马蹄糕、鸳鸯马蹄糕、三色马蹄糕、玛瑙马蹄糕、地瓜马蹄糕等。一块小小的马蹄糕，从种植田到工厂，从传统手工艺到新技术产品，历经空间、时间的锤炼，凝聚着制作者的心血，也承载着食客的记忆与情感。

【考核要求】

具体考核要求见表3-3。

表3-3　马蹄糕制作考核要求

序号	考核内容	项目描述	分值	得分
1	职业素养	讲究卫生、爱护环境，自觉遵守食品生产操作规程和相关法律法规	10	
2	知识目标达成情况	能完整复述产品的由来、原料选择、工艺流程及制作要领	20	
3	技能目标掌握情况	能在现有的实训条件下，独立、正确地完成马蹄糕的每一道制作工序	40	
4	成品质量	口感软、滑、爽、韧兼备，味道香甜，呈半透明，折而不裂，撅而不断	20	
5	包装储存	能选出合适的包装材料进行正确的包装和储存	10	
合计				

第四节　金橘膏

【学习目标】

（1）了解金橘膏的营养价值，掌握金橘膏原料选择及制作工序。

（2）能独立、规范地完成金橘膏的制作，熟悉制作关键步骤。

（3）养成良好的学习习惯，增强食品创新意识，确保产品品质符合要求。

金橘是营养十分丰富的水果，它的维生素C含量比较高，而且还有胡萝卜素、钙、钾、镁、铁、维生素B等营养成分。金橘还有一定的药性，具有理气解郁、止咳化痰之功效。但金橘的皮比较苦，很多人不爱吃，因此做成金橘膏更容易被大众接受。金橘膏颜色橙红透亮，口感清新不苦，甘甜芳香，具有润肺止咳的功效。

一、操作准备

1. 原料

金橘1000 g，黄冰糖350 g，水300 g，盐10 g。

2. 工具

炖锅，搅拌棒，水果刀，玻璃瓶。

二、制作工序

1. 初加工

用盐干搓金橘表面，将其表面的脏物质尽量搓掉，再用清水洗净。将洗好的金橘切成薄片或对半切开，对苦味敏感的可以去子。

2. 熬煮

黄冰糖和水入锅，中小火加热并不停地搅动，直到冰糖基本融化，出现很多密集的小气泡时转成小火，加入金橘、盐继续熬制，直到糖浆中水分变少、糖浆变得浓稠且颜色变深即可关火。

3. 封装

冷却后，装入消毒的密封罐封装。每次吃时，用干净的勺子取一勺，用开水冲泡，搅匀即可。

金橘膏

三、注意事项

（1）熬煮：用小火慢慢熬煮，直到金橘透明且糖浆黏稠。熬煮过程中要不断搅拌，避免金橘粘锅。宜选用厚底不锈钢锅煮制。

（2）封装：封装时要保证容器已消毒且干燥，避免金橘膏变质，冷却后密封保存。

四、产品创新

创新开发金橘膏新品种可以尝试在其中添加中药材或食材，如红枣、枸杞、桂花等，制作出不同风味的金橘膏产品，满足不同人群的需求。可将金橘膏作为饮品添加物，与茶、咖啡等搭配，或开发金橘膏饮品，增加金橘膏的消费场景。可设计个性化的包装，如罐装、瓶装、袋装等，并在包装上加入有趣的图案或语言，吸引年轻的消费者。

【考核要求】

具体考核要求见表3-4。

表3-4　金橘膏制作考核要求

序号	考核内容	项目描述	分值	得分
1	职业素养	讲究卫生、爱护环境，自觉遵守食品生产操作规程和相关法律法规	10	
2	知识目标达成情况	能完整复述产品的由来、市场运用、原料选择、工艺流程及操作要领	20	
3	技能目标掌握情况	能在现有的实训条件下，独立、正确完成金橘膏的每一道制作工序	40	
4	成品质量	色泽橙红，晶莹剔透，甜而不腻	20	
5	包装储存	能选出合适的包装材料进行正确的包装和储存	10	
合计				

第五节　杧果果脯

【学习目标】

（1）了解杧果果脯的选材及食用价值。

（2）能独立、规范地完成杧果果脯的制作工序，熟悉关键步骤。

（3）在操作过程中养成注重细节的好习惯，增强创新意识。

　　杧果为著名的热带水果之一，因其果肉细腻、风味独特而深受人们喜爱，素有"热带果王"之美誉。杧果果肉富含糖、蛋白质、粗纤维，所含维生素A的前体胡萝卜素成分特别高，是所有水果中少见的。杧果果脯中含有丰富的维生素C，有助于增强免疫力、促进铁的吸收等。此外，其热量低、不含脂肪、富含膳食纤维，有助于促进肠道健康和降低胆固醇。由于新鲜杧果贮存的时间较短，鲜果极易腐烂变质，因此，对杧果进行深加工极为重要，杧果的果脯制品也应运而生。适量食用杧果果脯既能带来味觉上的享受，又有益于健康。

一、操作准备

1. 原料

杧果1000 g，糖250 g，水300 g，柠檬50 g。

2. 工具

水果刀，果蔬机，搅拌器，玻璃瓶、烘干机。

二、制作工序

1. 原料加工

选取肉质肥厚的杧果，成熟度以八成为佳，清洗、沥干，去皮，用刀把杧果竖着切成厚度均匀的片状，切片厚度 8 ～ 9 mm。

2. 腌制

水加热后加入糖搅匀，直至完全融化，冷却后挤入柠檬汁搅匀，将杧果放入糖液中，然后放入冰箱腌制 3 小时以上。

3. 烘干

将腌制好的杧果取出并沥干水分，在烤网整齐摆放，80 ℃烘烤 12 ～ 15 小时即可。

杧果果脯

三、注意事项

（1）食材选择：一定要挑选肉质肥厚、鲜美多汁且自然成熟的杧果来制作杧果果脯，这样口感才会好。

（2）在湿度大且高温的地区，可以适当地把杧果片切薄一些，再略微加大糖液的浓度（糖本身也具有防腐的作用），用糖液充分浸泡杧果。也可以用糖腌或透糖的方法，即直接一层杧果片、一层砂糖进行腌制，最上面再笼盖一层砂糖，腌制 4 小时左右。

（3）果脯储存环境应干燥、阴凉、通风，果脯的保质期通常为 12 个月。建议开封后尽快食用，以保持其口感和营养价值。

四、产品创新

传统的杧果果脯制作工艺主要依赖自然晾晒和糖渍，这种方式不仅制作时间长，而且质量不稳定。为了提高生产效率和产品质量，在制作工艺方面，可利用真空技术加速糖分和其他添加物渗透到杧果果肉中，大大缩短加工时间的同时也可以提高果脯的口感和品质；在烘干技术方面，采用微波、红外线等烘干方法，可以在短时间内快速去除果脯中的多余水分，保持果脯的口感和色泽。

【考核要求】

具体考核要求见表 3-5。

表 3-5　杧果果脯制作考核要求

序号	考核内容	项目描述	分值	得分
1	职业素养	讲究卫生、爱护环境，自觉遵守食品生产操作规程和相关法律法规	10	
2	知识目标达成情况	能完整复述产品的由来、原料选择、工艺流程及制作要领	20	
3	技能目标掌握情况	能在现有的实训条件下，独立、正确地完成杧果脯的每一道制作工序	40	
4	成品质量	口感软糯有嚼劲、微甜可口，可以直接食用或搭配茶水享用	20	
5	包装储存	能选出合适的包装材料进行正确的包装和储存	10	
合计				

第六节　香蕉脆片

【学习目标】

（1）了解香蕉的理化特性和质量鉴别方法。

（2）熟练掌握香蕉脆片制作的步骤及注意事项。

（3）提高对原料的鉴别、挑选能力，增强食品安全意识。

香蕉脆片是一种以香蕉为主要原料，不添加任何人工色素和防腐剂，经过烘烤和油炸制成的香脆食品。香蕉脆片富含维生素 C、膳食纤维和钾等营养成分，具有润肠通便、增强免疫力、保护神经系统、平稳血清素和褪黑素等功效，其口感酥脆，香味浓郁，既可作为休闲零食，也可作为烹饪的食材。香蕉脆片经独立包装后，方便携带和储存，是家庭、办公室及旅途中的理想零食。

一、操作准备

1. 原料

香蕉 100 g，柠檬 100 g，奶粉 50 g，水 1000 g。

2. 工具

烘干机，水果刀。

二、制作工序

1. 初加工

香蕉剥皮切成 3 mm 左右的薄片；将柠檬汁挤入水中，再把香蕉片浸入柠檬水中浸泡片刻，捞出沥干水分。奶粉用水调匀，把香蕉片倒入其中，充分搅拌，使所有的香蕉片都能沾上奶液。

2. 烘干脱水

将沾上奶液的香蕉片平铺整齐并放入烘干机中，80 ～ 100 ℃加热，使其脱水，香蕉片含水 16% ～ 18% 时即可从烘干机中取出。

3. 油炸

将经过烘烤的香蕉片放入 130 ～ 150 ℃植物油中炸至茶色，即可出锅。

香蕉脆皮

三、注意事项

（1）选材加工关键：选择较生的、偏绿色的香蕉，这样的香蕉水分相对多一点，口感更脆。切片的香蕉一定要泡柠檬水，以防止氧化。

（2）烘干环节：温度不宜过高，烘干期间需注意观察，适当调整时间和温度。在烘干期间，需要每隔 5 分钟把香蕉片翻一次面，确保均匀烘干。

四、产品创新

香蕉脆片的传统工艺主要依赖油炸，这种方式不仅热量高，而且容易影响产品的口感和质量。近年来，香蕉脆片的生产在工艺方面进行了一些创新，如利用真空技术降低油温，减少油炸时间，降低香蕉对油分的吸收，提高产品质量；采用热风干燥、真空烘烤等方式替代油炸，降低成品的热量，使其更符合健康需求；结合多种干燥方法，如真空干燥、冷冻干燥等，使香蕉内的营养流失更少，以获得更好的风味和口感。

【考核要求】

具体考核要求见表3-6。

表3-6　香蕉脆片制作考核要求

序号	考核内容	项目描述	分值	得分
1	职业素养	讲究卫生、爱护环境，自觉遵守食品生产操作规程和相关法律法规	10	
2	知识目标达成情况	能完整复述产品的由来、原料选择、工艺流程及制作要领	20	
3	技能目标掌握情况	能在现有的实训条件下，独立、正确地完成香蕉脆片的每一道制作工序	40	
4	成品质量	口感酥脆，营养丰富，方便携带	20	
5	包装储存	能选出合适的包装材料进行正确的包装和储存	10	
合计				

第七节　百香果酱

【学习目标】

（1）了解百香果酱的原料及食用价值。

（2）能独立完成百香果酱的制作，熟悉制作关键。

（3）树立精益求精的职业态度，追求百香果酱色、香、味的完美结合。

百香果酱是以百香果为主要原料，加入白糖等熬煮而成的果酱。百香果酱制作方法简单，以新鲜百香果、白糖为主要原料，可添加少量柠檬汁等酸液调味。成品色泽金黄，果香四溢，口感顺滑，酸甜可口。百香果酱可直接食用，也可用于烘焙、饮品调味等，是西式餐点和茶饮的完美点缀，深受消费者喜爱。

一、操作准备

1. 原料

百香果 500 g，白糖 250 g，柠檬汁 50 g，清水 1000 g。

2. 工具

不锈钢锅，搅拌棒，小勺，大盆，过滤网，玻璃瓶。

二、制作工序

1. 预处理

将百香果清洗干净并对半切开，用小勺将果肉挖入大盆中并冷藏待用，根据百香果的酸味适量添加白糖，搅拌均匀。

2. 熬煮

将冷藏好的果肉和糖倒入不锈钢锅中，大火烧开后转小火，持续慢煮并不断搅拌，当果酱呈现透明黏稠的质感且水分显著减少时即为完成。

3. 装瓶

果酱冷却后，趁热将其装入预先准备好的已消毒玻璃瓶中，并密封保存。

三、注意事项

（1）配糖比例：根据百香果的酸度，可以适当调整糖量，但最低不得少于果肉质量的 30%，以保证果酱的口感和保存时间。

（2）熬煮关键：宜选用不锈钢锅或不粘锅，避免使用铁锅，以免果酱发生化学反应。长时间熬煮时要不断搅拌，以防止果酱烧焦。

百香果酱

四、产品创新

百香果酱是一种风味独特的果酱，深受消费者喜爱。在掌握基本制作方法的基础上，可对果酱进行创新与拓展。如加入啫喱化剂制作出口感柔滑的百香果啫喱，加入牛奶制作出奶香百香果酱，加入红茶提取液制作出百香果红茶果酱等。

【考核要求】

具体考核要求见表3-7。

表3-7　百香果酱制作考核要求

序号	考核内容	项目描述	分值	得分
1	职业素养	养成良好的卫生习惯，自觉遵守操作规程	10	
2	知识目标达成情况	能复述百香果果酱的制作工艺流程与注意事项	20	
3	技能目标掌握情况	能够熟练完成百香果酱的配料、煮制、调味等工序	40	
4	成品质量	色泽金黄，果香浓郁，酸甜可口	20	
5	包装储存	具备正确的食品卫生意识，确保产品安全	10	
合计				

第八节　鲜榨甘蔗汁

【学习目标】

（1）了解影响鲜榨甘蔗汁品质的关键控制环节。

（2）熟练掌握鲜榨甘蔗汁的压榨、过滤等关键工序。

（3）积极主动探索鲜榨甘蔗汁制作工艺的创新做法。

鲜榨甘蔗汁是一种以甘蔗为原料，经压榨、过滤而成的天然饮料，其色泽金黄，浓郁的甘蔗香气与细腻顺滑的口感令人留下深刻印象。鲜榨甘蔗汁含有果糖、蔗糖、蛋白质、维生素、矿物质等多种营养成分，同时含有抗氧化作用的多酚类化合物，具有一定的保健功效，兼具天然、营养、健康等特点，是夏季解暑降火的佳品，现已成为广受游客喜爱的热带特色饮品之一。

一、操作准备

1. 原料

新鲜甘蔗 2000 g，鲜柠檬 100 g。

2. 工具

冷榨机，过滤网，搅拌匙，透明玻璃杯。

二、制作工序

1. 准备甘蔗

将甘蔗清洗干净，用刀砍成4节，每节削皮后竖着切为4段，再从中切1刀。

2. 榨取汁液

将洗净切好的甘蔗段用冷榨机榨取甘蔗汁，汁液通过筛网筛出。鲜柠檬也同样切块、榨汁。

3. 混合柠檬汁

最后将鲜柠檬汁与甘蔗汁混合均匀即可。

鲜榨甘蔗汁

三、注意事项

（1）原料选择及加工：选择新鲜、色泽鲜亮的甘蔗，榨汁前要将各种原料充分洗净，去除表面的污垢和农药残留。

（2）选购榨汁机：为了保持甘蔗汁的口感和营养价值，需要选购高质量的榨汁机。选购时注意榨汁机的材质、功率和易清洗程度等。

（3）甘蔗汁储存：新鲜制作的甘蔗汁最好当天饮用，如需保存，则将其密封后放入冰箱并在24小时内喝完，避免因保存时间过长而发酸，导致口感下降。

四、产品创新

鲜榨甘蔗汁是一种广受消费者欢迎的热带特色饮品。在掌握基本制作方法的基础上，不断进行技术创新与产品升级。可以开发多种制法，如加入其他水果块或果肉调制成果蔗汁，也可以加入别具风味的椰浆或菠萝汁等，丰富口感层次。同时，要注重产品的包装升级，研发便携装、罐装等多种包装形式。此外，要严格控制卫生条件，选择食品级材料，确保从原料准备到加工制作的各个环节都符合食品安全要求。

【考核要求】

具体考核要求见表3-8。

表3-8　鲜榨甘蔗汁制作考核要求

序号	考核内容	项目描述	分值	得分
1	职业素养	养成良好的卫生习惯，自觉遵守操作规程	10	
2	知识目标达成情况	能描述甘蔗汁的制作工艺流程与注意事项	20	
3	技能目标掌握情况	能够熟练完成甘蔗汁的配料、压榨、过滤、装杯等步骤	40	
4	成品质量	色泽金黄明亮，口感顺滑，甜味适中，香气浓郁	20	
5	包装储存	能选出合适的包装材料进行正确的包装，密封储存	10	
合计				

第九节　柠檬茶

【学习目标】

（1）熟悉柠檬茶的原料特点及冲泡方法。

（2）能独立完成柠檬茶的原料准备和冲泡工序。

（3）培养精益求精的工作态度，追求产品色、香、味与营养的完美结合。

柠檬茶是一种以新鲜柠檬为主要原料，加入糖、茶水冲泡而成的天然果味饮料。其特点是色泽金黄透亮，柠檬香气四溢，味道清新宜人。柠檬茶含丰富的维生素C、柠檬酸等成分，有助于增强抵抗力，深受消费者喜爱。

一、操作准备

1. 原料

茉莉花茶叶3 g，柠檬50 g，小青橘20 g，白糖（糖浆或蜂蜜）30 g，冰块100 g，水 500 g。

2. 工具

果汁机，过滤网，玻璃壶，玻璃杯。

二、制作工序

1. 泡茶

根据个人喜好选择冷泡或热泡方法浸泡茉莉花茶叶：取茉莉花茶叶 3 g，冷泡用 500 g 凉开水浸泡 5 ～ 6 小时，热泡用 90 ℃的水浸泡 5 ～ 10 分钟。

2. 柠檬处理

取约 50 g 的柠檬洗净并切成 5 片。取约 20 g 小青橘洗净并对半切开，去子。将柠檬片放入杯子，使用碎冰棒轻压柠檬片使其香味释放，将小青橘汁挤入，并将青橘的果肉也放入杯中。

3. 调味与混合

将 30 g 白糖和约 100 g 冰块倒入杯中，再倒入已泡好的茉莉花茶。使用勺子搅拌，直至糖完全溶解。最后，可根据个人喜好选择性地加入蜂蜜以增加风味。

柠檬茶

三、注意事项

（1）泡茶关键：若使用冷泡方式，要确保茶叶在凉开水中浸泡足够的时间。

（2）柠檬正确加工：柠檬应去子，或选择选择无子的柠檬，以防止过长时间浸泡后柠檬茶发苦。小青橘也应确保完全去子。

（3）调味混合关键：可灵活调整糖量以符合个人的口味，建议开始时少放，尝试后再根据需要增加。

四、产品创新

柠檬茶是一种营养价值高、口感独特的天然饮料。在掌握基本冲泡方法的基础上，可进行创新与拓展。如加入少量薄荷叶或枸杞，丰富柠檬茶的风味，增加其营养价值。考虑到消费者的不同需求，可以开发冷热两用的柠檬茶袋，也可以开发成冲泡粉末，方便携带。要提高产品质量，从选料到加工的每一个环节都必须严格把控，要选择食品级材料及工具，确保饮品的卫生安全。同时要掌握储存方法，保证产品的安全卫生和口感品质。

【考核要求】

具体考核要求见表3-9。

表3-9　柠檬茶制作考核要求

序号	考核内容	项目描述	分值	得分
1	职业素养	养成良好的卫生习惯，自觉遵守操作规程	10	
2	知识目标达成情况	能复述柠檬茶的制作工艺流程与注意事项	20	
3	技能目标掌握情况	能够熟练完成柠檬茶的洗切、冲泡、过滤等步骤	40	
4	成品质量	柠檬茶色泽金黄，柠檬香气浓郁，味道适中	20	
5	包装储存	能选出合适的包装材料进行正确的包装和储存	10	
合计				

第十节　冻酸奶

【学习目标】

（1）了解冻酸奶的制作原料和食用价值。

（2）独立完成冻酸奶的配料准备和制作。

（3）积极主动探索冻酸奶加工技艺的创新方法。

冻酸奶是往发酵制成的酸奶中加入各种水果或者其他食材后冷冻而成的食品，它既保留了酸奶的活性菌种和营养价值，又具有冰激凌的凉爽口感，深受各年龄消费者的喜爱。选择加入不同种类的水果，如杧果、蓝莓、草莓等，可赋予冻酸奶多样的口味变化；或者添加红豆、黑糖粒、椰果粒等，进一步丰富食物质感。冻酸奶色彩丰富，香气诱人，既可作为夏日解暑饮品，也是甜品店或茶餐厅的常见小吃，现已发展成为独具特色的冷饮品类之一。

冻酸奶

一、操作准备

1. 原料

原味酸奶 500 g，樱桃 100 g，猕猴桃 200 g，蓝莓 100 g，火龙果 15 g，谷粒 50 g，奥利奥饼干 5 g。

2. 工具

搅拌机，量杯，冰棒模具，冷冻箱。

二、制作工序

1. 原料初加工

将樱桃、猕猴桃、蓝莓、火龙果等水果切成小块，奥利奥饼干除去夹心并掰成碎片。

2. 成形

在铺有油纸的烤盘上均匀倒入酸奶，将准备好的水果粒、脆谷粒及奥利奥饼干碎片均匀地撒在酸奶上。

3. 冷冻

将酸奶放入冰箱冷冻至结实，取出，按需切开或掰碎，并存入密封盒中继续冷冻保存即可。

三、注意事项

（1）水果选择：确保选用的水果是新鲜的。根据个人口味，可以自由选择添加的水果种类。

（2）冷冻时间：确保酸奶完全冷冻结实再进行分割，这样在食用时才会有最佳口感。

（3）保存：为保持口感和新鲜度，应把冻酸奶存放在密封盒中并置冷冻冰箱保存。

四、产品创新

随着消费者对健康的关注度不断提高，低糖、低脂肪、高纤维等的冻酸奶产品将更受欢迎，可通过不断研发新的口味和风味，满足不同消费者的需求。如添加蛋白粉、优酪乳、果酱或果粒，或使用乳脂替代品，降低脂肪含量，增加冻酸奶的口感和营养价值，使其更符合大众对食品健康的追求。同时，可结合地域特色和文化元素，开发具有地方特色的冻酸奶产品。

【考核要求】

具体考核要见表3-10。

表3-10　冻酸奶制作考核要求

序号	考核内容	项目描述	分值	得分
1	职业素养	养成良好的卫生习惯，自觉遵守操作规程	10	
2	知识目标达成情况	能复述冻酸奶的制作流程与注意事项	20	
3	技能目标掌握情况	能够熟练完成冻酸奶的配料、混合、冷冻等工序	40	
4	成品质量	色泽亮丽，口感爽滑，酸甜适中，搭配食材合理，营养丰富	20	
5	包装储存	能选出合适的包装材料进行正确的包装和储存	10	
合计				

第十一节 水果冰激凌

【学习目标】

（1）熟悉影响水果冰激凌质量的关键步骤。

（2）熟练掌握水果冰激凌的快速制冷和成型技术。

（3）积极主动探索水果冰激凌加工技术的创新方法。

水果冰激凌，以新鲜水果为主要成分，融入鲜奶油、蛋黄等，经过精细搅拌和冷冻制成。色彩诱人的水果冰激凌既可直接食用，也可用于点缀饮品，深受广大消费者的喜爱。制作水果冰激凌的主要工艺包括配料搅拌、灌装成型、快速冷冻等环节，简单来说就是将精心挑选的新鲜果肉与鲜奶油、蛋黄、糖等成分充分融合，装入模具并置于极低温冰柜中冷冻定型。水果冰激凌具有浓郁奶香和水果的天然芳香，口感细腻顺滑，是夏日消暑解渴的绝佳选择。

一、操作准备

1. 原料

草莓 100 g，白砂糖 120 g，牛奶 300 g，蛋黄 50 g，鲜奶油 100 g。

2. 工具

搅拌机，量杯，冰激凌模具，冷冻柜。

二、制作工序

1. 水果加工

将草莓去蒂后洗净，并沥干水分，放入搅拌机中打成果泥，放入冰箱中冷藏。

2. 配料制作

将白砂糖加入牛奶中，开火煮到接近沸腾，待白砂糖充分融化后离火冷却，滤去杂质。将蛋黄放在容器中用打蛋器打发，加入热牛奶搅匀，再倒入锅中煮热。

3. 基础冰激凌调制

将鲜奶油打发至泡沫状，倒入蛋黄和牛奶，加入之前冷藏好的果泥，确保混合均匀，放入冰箱冷冻。

4. 定形

将冷冻好的冰激凌混合物放入冰激凌模具中，适当装饰外表即可。

三、注意事项

（1）冷冻时间：确保水果完全冷冻，否则可能会影响冰激凌的质地。

（2）质地观察：在搅拌过程中，观察冰激凌的质地，确保不过度搅拌，以免冰激凌化掉。

水果冰激凌

四、产品创新

可以调整不同水果的比例，开发出多种口味的水果冰激凌，丰富产品种类。可以添加绿茶粉、果酱等丰富营养成分。也可以开发不同包装形式，吸引不同年龄、不同需求的消费群体。要提高产品质量，从选料到加工的每一个环节都必须进行严格把控。要选择天然无公害的原料，确保产品的卫生安全。同时要注意运输与贮存条件，以保证水果冰激凌的口感、风味及食品安全。

【考核要求】

具体考核要求见表 3-11。

表 3-11　水果冰激凌制作考核要求

序号	考核内容	项目描述	分值	得分
1	职业素养	养成良好的卫生习惯，自觉遵守操作规程	10	
2	知识目标达成情况	能复述水果冰激凌的制作流程与注意事项	20	
3	技能目标掌握情况	能够熟练完成水果冰激凌的配料、混合、冷冻等工序	40	
4	成品质量	口感顺滑，奶香、果香浓郁，营养丰富	20	
5	包装储存	能选出合适的包装材料进行正确的包装和储存	10	
合计				

第十二节　蔬菜水果捞

【学习目标】

（1）熟悉影响蔬菜水果捞质量的关键步骤。

（2）能独立完成蔬菜水果捞的选材、配料和制作。

（3）积极主动探索蔬菜水果捞的创新做法。

蔬菜水果捞以各种新鲜蔬菜、水果为主要原料，配以特制酱料而成，以其鲜艳的色彩、清新的口感在各种小吃中脱颖而出。蔬菜和水果的搭配可以有多种变化，从而产生不同的蔬菜水果捞品种，如青瓜捞、番茄捞等。

蔬菜水果捞融合了爽口的蔬果与独特的酱料，酸甜开胃，成为夏季清爽解暑的最佳选择。蔬菜水果捞制作步骤简单，兼具美味与营养，既可餐前开胃，也可独立成菜，深受广大消费者的喜爱。

一、操作准备

1. 原料

青瓜 100 g，杧果 150 g，草莓 150 g，圣女果 50 g，酸奶 250 g。

2. 工具

菜刀，木匙，量杯，大号装饰盘。

二、制作工序

1. 原料初加工

使用流动的自来水反复冲洗蔬菜和水果，以去除残留的农药和细菌，洗净后将其切成条状、块状或片状。

2. 拌制

将切好的蔬菜、水果放入盘中，淋上酱料轻轻拌匀。

3. 装盘

将拌好的蔬菜水果捞装入碟中，适当点缀装饰即可。

三、注意事项

（1）选材关键：蔬菜水果捞的品质取决于食材的选择。选取时要确保蔬菜和水果都是新鲜的，且颜色、质量和成熟度都要达到最佳状态。

（2）切割关键：切割是将蔬菜和水果进行处理的主要环节。将蔬菜和水果切成合适大小的块状或片状，不仅方便食用，还能提高美观度。

（3）配料关键：酱料是蔬菜水果捞的点睛之笔。选择适合的酱料进行搭配，如千岛酱、油醋汁等，可以提升蔬菜水果捞的风味。需要注意的是，加入的酱汁要适量，以免过多而掩盖了蔬菜水果本身清甜的味道。

（4）拌制关键：搅拌时要注意力度和速度，以免破坏食材的形状和口感。

蔬菜水果捞

四、产品创新

蔬菜水果捞是一道清爽开胃的凉菜，深受消费者欢迎，在掌握基本制作方法的基础上，可对其不断进行创新。可以调整不同蔬果的配比，开发出多种新颖口味；可以研发特色酱料，如加入香辛料提鲜等。要提高产品质量，从选料到加工的每一个环节都必须进行严格把控。要选择新鲜无公害的蔬果，确保产品符合绿色环保理念。同时要掌握好保存方法，保持蔬菜水果的脆嫩口感及营养价值。

【考核要求】

具体考核要求见表 3-11。

表 3-11　蔬菜水果捞制作考核要求

序号	考核内容	项目描述	分值	得分
1	职业素养	养成良好的卫生习惯，自觉遵守操作规程	10	
2	知识目标达成情况	能描述蔬菜水果捞的制作工艺流程与注意事项	20	
3	技能目标掌握情况	能够熟练完成蔬菜水果捞的选材、切割、拌制等步骤	40	
4	成品质量	蔬果新鲜脆爽，口味酸甜适中	20	
5	包装储存	能选出合适的包装材料进行正确的包装和储存	10	
合计				

第四章　禽畜肉制品类

第一节　壮族白切鸡

【学习目标】

（1）了解壮族白切鸡的食材特点和烹饪方法。

（2）熟练掌握壮族白切鸡的切割、焯煮、调味等技艺。

（3）认识壮族白切鸡独特的饮食文化内涵。

壮族白切鸡是中国传统烹饪智慧的代表，这道菜品以精选的放养鸡为原料，用姜、葱、香菜等配料精心调配，经过传统的白煮工艺熬煮而成。为了提升风味，特制的姜葱汁成为关键：姜、葱、香菜与调味料混合，经过热油的处理，香气四溢，为整道菜品增色不少。壮族白切鸡色泽金黄，肉质鲜嫩，汤汁醇厚，讲究食材的新鲜与原汁原味，极富壮族特色，体现了壮族人民朴实无华、热爱生活的烹饪文化。

一、操作准备

1. 原料

主料部分：宰杀干净的当地散养鸡1只（1000～1200 g）。

配料部分：姜20 g，葱100 g，香菜20 g。

调味料部分：料酒30 g，胡椒粉5 g，糖5 g，盐15 g，香油3 g，鸡粉少许。

其他：冰水2000 g（分两次使用）。

2. 工具

炒锅，砧板，漏勺，大号白瓷汤碗。

二、制作工序

1. 预处理

将所有配料洗干净并晾干。

2. 煮水焯鸡

锅中加水，加入葱结和料酒，水稍沸后调中火，拿住鸡头进行吊水动作，重复3次，每次间隔5秒。取出后，立即将鸡放入冰水中进行第一次冷却。

3. 再次浸煮

再次将鸡放入热水中，盖上盖子关火浸煮 25 ~ 30 分钟。用筷子插入鸡腿的多肉部分，当能轻松插入且不出血水时，则取出放入冰水中进行第二次冷却。

4. 制作姜葱汁

姜去皮，切片后捣碎成蓉；葱和香菜切蓉，混合胡椒粉、鸡粉、糖、盐搅拌均匀，烧热 3 汤勺油，倒入姜葱蓉中搅拌即可制成。

5. 摆盘与调味

冷却后的鸡沥干水分，表面涂一层香油，然后切块，摆盘，加入葱段和香菜，浇上姜葱汁或蘸食。

壮族白切鸡

三、注意事项

（1）焯鸡的技巧：煮鸡时的水量应稍多，确保水能够完全淹没鸡。不要增加焯的时间，如有需要，可以适当增加浸煮的时间。

（2）酱料口感：酱料的口味可以根据个人喜好进行调整。

四、产品创新

壮族白切鸡讲究原汁原味，通过简单的烹饪方式突出食材的鲜美。在学习传统工艺的基础上，可以适当增加现代烹饪技巧，如提升蘸酱口感层次，加入香辛料提鲜等。要提高产品质量，从选料到加工的每一个环节都必须进行严格把控，选择优质安全的鸡肉和食材。要注重装盘展示，突出壮族特色，突显民族饮食文化。

【考核要求】

具体考核要求见表4-1。

表4-1　壮族白切鸡制作考核要求

序号	考核内容	项目描述	分值	得分
1	职业素养	养成良好的卫生习惯，自觉遵守操作规程	10	
2	知识目标达成情况	能描述壮族白切鸡的制作工艺流程与注意事项	20	
3	技能目标掌握情况	能够熟练完成壮族白切鸡的食材处理、烹饪等步骤	40	
4	成品质量	色泽金黄，鸡肉嫩滑，味道鲜美	20	
5	包装储存	能选出合适的包装材料进行正确的包装和储存	10	
合计				

第二节　武鸣柠檬鸭

【学习目标】

（1）熟悉影响武鸣柠檬鸭风味的关键步骤。

（2）熟练掌握武鸣柠檬鸭的腌制、煎炒、熬汁等技艺。

（3）培养不断改进创新的职业态度，传承烹饪技艺。

武鸣柠檬鸭源自南宁市武鸣区，是当地的特色名菜。它选用武鸣当地的优质鸭种，搭配咸柠檬以及食用油、盐、生抽、老抽、白糖等调料，经过烹炒焖煮而成。整个菜品呈现出金黄诱人的色泽，散发出香气四溢的诱人香味。这道美食体现了壮族人民淳朴的生活情趣与独特的烹饪智慧，已成为展示武鸣本地饮食文化特色的招牌美食。武鸣柠檬鸭香气浓郁，肉质鲜嫩，柠檬的酸甜恰到好处，浓缩了西江流域的热带风味，已成为一道深受人们喜爱的特色佳肴。

一、操作准备

1. 原料

鸭肉部分：武鸣鸭2000 g。

调料部分：花生油100 g，盐5 g，生抽15 g，老抽10 g，白糖10 g。

酸料部分：咸柠檬100 g，酸藠头50 g，酸姜40 g，酸泡椒50 g，蒜20 g，生姜20 g。

2. 工具

炒锅，砧板，菜刀，漏勺，瓷盘。

二、制作工序

1. 选材初加工

选择重约 1.5 ～ 2 kg 的新鲜鸭，鸭肉应饱满、无伤痕。将鸭清洗干净，去除鸭毛和内脏，然后切成大小合适的块状。

2. 准备咸柠檬

取适量当地腌制的咸柠檬，去子，切成薄片或丁，其他酸料改刀切片或条。

3. 炒制

生姜、蒜切片，在锅中加入适量的油，放入姜片、蒜片炒香，再加入鸭块翻炒至表面微黄，然后放入盐、生抽、老抽、白糖和适量的清水，用中小火慢炖至鸭肉熟透且嫩滑。

4. 装盘

出锅前加入咸柠檬酸姜、酸藠头等其他酸料，大火将鸭肉炒香至入味，汤汁浓稠时即可出锅装盘上席。

武鸣柠檬鸭

三、注意事项

（1）选料关键：以谷糠喂养的土鸭为最优，这种鸭子煮熟后肉质鲜美，入口不会感到油腻。咸柠檬必须选择以传统工艺腌制的，腌制时间至少一年，以保证口感和味道。

（2）烹饪技巧：烹饪过程中要掌握好火候，先用大火煮沸，然后改用小火焖煮，直至鸭肉熟透，最后改用武火翻炒至汁水成糊状。

（3）调料搭配：酸藠头、酸辣椒、蒜瓣、酸姜、花生油、盐、白糖等调料是制作柠檬鸭必备的配料，可根据个人口味可进行适当调整。

四、产品创新

武鸣柠檬鸭是广西的特色名菜，在学习传统工艺的基础上，可以增加现代烹饪技巧，如使用泡椒、花椒等提鲜，或加入橙汁增加口味层次感。要提高产品质量，从选料到加工的每一个环节都必须进行严格把控，选择优质安全的食材，同时要注重创新包装，比如真空包装，方便携带。

【考核要求】

具体考核要求见表4-2

表4-2　武鸣柠檬鸭制作考核要求

序号	考核内容	项目描述	分值	得分
1	职业素养	养成良好的卫生习惯，自觉遵守操作规程	10	
2	知识目标达成情况	能复述武鸣柠檬鸭的制作工艺流程与注意事项	20	
3	技能目标掌握情况	能够熟练完成武鸣柠檬鸭的处理、烹饪等步骤	40	
4	成品质量	鸭肉嫩滑，味道酸甜适中	20	
5	包装储存	能选出合适的包装材料进行正确的包装和储存	10	
合计				

第三节　客家百菜酿

【学习目标】

（1）熟悉影响客家百菜酿风味的关键工序。

（2）独立完成客家百菜酿的原料处理、腌制等操作步骤。

（3）感受客家百菜酿独特的地方风味。

客家百菜酿是贺州市八步区的传统名菜，其制作技艺是广西壮族自治区第八批自治区级非物质文化遗产代表性项目。这一传统技艺源于中原，与粤楚文化交融，已在八步区流传超过500年。其特点是将肉馅放入豆腐及果菜类、根茎菜类、叶菜类等各类菜蔬主料中，做成菜酿。最常见的有豆腐酿、辣椒酿、苦瓜酿、竹笋酿、瓜花酿、茄子酿等。客家百菜酿口感鲜嫩，营养丰富，深受客家人和广大食客喜爱，其制作工艺更是客家人淳朴智慧的缩影。

一、操作准备

1. 原料

主料部分：豆腐 500 g，猪肉馅 400 g。

配料部分：香菇（泡发）50 g，马蹄 50 g，虾米 15 g，葱花 10 g。

调料部分：油 30 g，盐 5 g，胡椒粉 3 g，酱油 10 g，香油 5 g，料酒 10 g。

2. 工具

砧板，刀具，盆。

二、制作工序

1. 准备馅料

香菇、马蹄切成丁，虾米切碎，与猪肉馅混合，加入盐、胡椒粉、料酒、酱油、香油搅拌均匀，备用。

2. 豆腐处理

豆腐切成方块。将豆腐块放在虎口处，用筷子在豆腐上面划一条缝，但不要完全划开豆腐。

3. 填充馅料

使用筷子，慢慢地将馅料填充到划开的豆腐缝中，填满时留一部分馅料露在外面。技巧好的话，一个豆腐块可以酿进近一勺肉馅。

4. 煎制豆腐

锅中加入 30 g 油，将豆腐肉馅一面朝下放入，煎至豆腐和肉馅都呈金黄色。

5. 炖制豆腐

把煎好的豆腐（没有肉馅的那一面朝下）放入砂锅或煎锅中，加入与豆腐齐平的水，再加入适量的盐和胡椒粉，盖上锅盖，开中小火，炖 10 ～ 20 分钟至豆腐入味，最后撒上葱花即可。

三、注意事项

（1）豆腐的选择：选择较为坚实的豆腐，以便于酿馅并保持形状。

（2）酿馅关键：确保豆腐侧面不裂开，允许少量的裂痕或馅料外露。

（3）煎豆腐技巧：火候不宜太高，以免煎煳。煎制时保持馅料一面朝下。

（4）炖制的时间：炖制的时间应以豆腐入味即可。

四、产品创新

客家百菜酿强调保留蔬菜的原汁原味和丰富营养。在客家百菜酿传统工艺的基础上，可以灵活调整蔬菜的搭配，开发更多口味。同时，可以研究天然防腐方法，延长产品的保质期。为确保产品质量，需对选材和加工的每个步骤都严格控制，确保原料的新鲜与卫生。在销售和推广过程中，可以考虑采用真空包装，既方便运输，也能保证这一客家美食的传统风味。

【考核要求】

具体考核要求见表4-3。

表4-3　客家百菜酿制作考核要求

序号	考核内容	项目描述	分值	得分
1	职业素养	养成良好的卫生习惯，自觉遵守操作规程	10	
2	知识目标达成情况	能复述客家百菜酿的制作工艺流程与注意事项	20	
3	技能目标掌握情况	能够熟练完成客家百菜酿的处理、酿制、煎制、炖制等步骤	40	
4	成品质量	色泽自然，咸鲜味美，搭配合理，营养丰富	20	
5	食品安全	选择新鲜及时令的蔬菜，确保新鲜不变质	10	
合计				

第四节　荔浦芋扣肉

【学习目标】

（1）熟悉荔浦芋扣肉制作的主要原料、辅料及常用调料。

（2）能独立完成荔浦芋扣肉的食材处理和烹饪操作。

（3）感受荔浦芋扣肉独特的地方风味。

荔浦芋扣肉不仅是荔浦的传统名菜，也是广西饮食文化中一颗璀璨明珠。它融合了南方的饮食特色和北方的烹饪技巧，是中华饮食文化中一道亮丽风景线。此菜以正宗桂林荔浦芋、带皮五花肉、桂林腐乳为主要材料，烹饪时先炸后蒸，将带皮五花肉和切块荔浦芋分别过油炸黄，然后将五花肉块皮朝下，与芋块相间排放碗中蒸熟，翻扣入另一盘中即成。成品色泽金黄，油而不腻，口味咸香微甜，浓香四溢，具有清热祛火、滋润肤色的功效。

一、操作准备

1. 原料

主料部分：带皮五花肉 750 g，荔浦芋头 400 g。

调料：桂林腐乳 15 g，生抽 20 g，蒜蓉 15 g，盐 5 g，白糖 15 g，蚝油 20 g，香葱 10 g，桂林三花酒 15 g，白米醋 5 g，胡椒粉 5 g，香菜 50 g。

2. 工具

炒锅，砧板，刀，漏勺，瓷盘。

二、制作工序

1. 五花肉初加工

将带皮五花肉放入锅中，加入足够的水、米酒，煮至筷子能轻松穿过肉皮，煮制时间约 30 分钟，然后捞出备用。

2. 上色与炸制

将煮好的五花肉切成整块，涂抹食盐和少许白米醋，低油温浸炸，然后在热油中炸至金黄酥脆，捞出放在纸巾上沥干油，再用温水浸泡片刻，使肉片更加饱满嫩滑。

3. 芋头处理

荔浦芋头切成 0.8 ～ 1.0 cm 厚的片，然后放入热油中炸至金黄，捞出备用。

4. 腌制

将炸好的五花肉片放入一大碗中，加入蚝油、桂林三花酒、胡椒粉、桂林腐乳、生抽、白糖等调料搅拌均匀，盖上盖子，腌制 30 分钟。

荔浦芋扣肉

5. 组合与蒸煮

将腌制好的五花肉片与炸好的芋头片交替摆放在碗底，上笼蒸约 1 小时，蒸至肉片酥软。

6. 出盘与装饰

将蒸好的扣肉从碗中倒扣至盘中，将切碎的香葱和香菜放在扣肉上面点缀。

三、注意事项

（1）炸制技巧：炸五花肉时，要先在肉皮上均匀刺孔，这样炸出的肉皮更加蓬松和酥脆。炸芋头时要控制火候，防止芋头过炸而失去风味。

（2）蒸制细节：蒸扣肉时，火力要均匀，以确保熟透但不烂。

（3）味道保证：为确保品尝到正宗的味道，芋头和扣肉要一起入口，使香芋味与肉味完美结合。

（4）选材建议：荔浦芋头的风味是此菜的亮点，避免替换为其他品种的芋头。

四、产品创新

从选料到加工的每一个环节都必须进行严格把控，选择优质安全的食材。采用真空包装，便于储存运输，从而更好推广这一地方特色菜。

【考核要求】

具体考核要求见表 4-4。

表 4-4　荔浦芋扣肉制作考核要求

序号	考核内容	项目描述	分值	得分
1	职业素养	养成良好的卫生习惯，自觉遵守操作规程	10	
2	知识目标达成情况	能复述荔浦芋扣肉的制作工艺流程与注意事项	20	
3	技能目标掌握情况	能够熟练完成荔浦芋扣肉的处理、烹饪等操作步骤	40	
4	成品质量	肉质软嫩，芋块滑爽，汁浓醇香	20	
5	食品安全	选择安全卫生的食材	10	
合计				

第五节　全州醋血鸭

【学习目标】

（1）掌握影响全州醋血鸭风味的关键工艺。

（2）独立完成全州醋血鸭的食材处理和烹饪操作。

（3）感受全州醋血鸭独特的地方风味。

全州醋血鸭源自桂林市全州县，是当地的传统名菜。它以全州县出产的土鸭为主要食材，杀鸭留血，往鸭血中注入白醋或酸水；以嫩姜或苦瓜为配料，将鸭肉先武火后文火焖熟，在出锅前倒入醋血，成品上桌。此菜酸香沁人心脾，味美让人难忘。俗话说：湘南永州之血鸭，桂北全州之醋血鸭。醋血鸭这道菜看着惊人，吃起来却没什么血腥气，倒是酸香扑鼻，而且鸭肉绵软入味，酸辣鲜香，开胃可口，鸭血的鲜美与醋的酸香交织出令人回味无穷的滋味。它充分体现了全州的地方特色，已成为全州县最有地方特色的菜肴之一，深受游客青睐。

一、操作准备

1. 原料

主料部分：土鸭 1 只（约 2000 g），鲜鸭血 500 g。

辅料部分：五花肉 100 g，苦瓜 500 g，生姜 25 g，酸辣椒 50 g，白芝麻 30 g。

调味部分：酸水或白醋 150 g，食用油 50 g，盐 5 g，全州当地米酒 50 g。

2. 工具

炒锅，漏勺，瓷盘。

二、制作工序

1. 预处理

取半碗酸菜坛子里腌制的酸水或白醋与宰杀后的鸭血混合，搅拌均匀。

2. 处理鸭肉

将鸭处理干净，摘除内脏并砍成小块备用。

3. 原料加工

苦瓜洗净切成条，五花肉清洗后切成块，生姜切片，大蒜切段。

4. 焖鸭

五花肉入锅炼出油，放入姜片和酸辣椒爆香，倒入鸭肉炒香，放入盐、米酒，盖上盖子，焖 10 分钟左右，加入苦瓜后焖至锅底见油不见汤。离火，冷却 2 ～ 3 分钟，沿锅边倒入腌制好的鸭血，翻炒 2 ～ 3 分钟。

5. 出锅装盘

撒上炒香的白芝麻即可上席。

全州醋血鸭

三、注意事项

（1）主料：以全州当地小麻鸭为佳，因为小麻鸭的鸭油较少，不会过于肥腻。

（2）酸水选择：用酸菜坛子的酸水烹制，口感优于用白醋，且能更好地去腥。

（3）鸭血的处理：翻炒鸭血时务必使用小火，否则鸭血容易粘锅并焦煳。

四、产品创新

全州醋血鸭突出醋血的酸香味，可在传统基础上增加烹饪技巧，如加入蒜蓉、香菜等提鲜。要选择优质安全的原料，保证菜品的质量。生产中可以使用真空包装，便于产品存放、运输，以便更好地推广这一地方特色菜。

血鸭制作各地大同小异，除了全州醋血鸭，还有苦瓜炒血鸭、芋苗炒血鸭、豆角炒血鸭、蛾眉豆炒血鸭、花生炒血鸭、芝麻血鸭等。同时，零陵血鸭也被闯江湖的湖南人带到四面八方，于是又产生了江西莲花炒血鸭、湖南新宁血酱鸭（浇血鸭）、湖南新田血鸭、湖南东安血鸭、广西南丹血鸭等菜品。

【考核要求】

具体考核要求见表4-5。

表 4-5　全州醋血鸭制作考核要求

序号	考核内容	项目描述	分值	得分
1	职业素养	养成良好的卫生习惯，自觉遵守操作规程	10	
2	知识目标达成情况	能复述全州醋血鸭的制作工艺流程与注意事项	20	
3	技能目标掌握情况	能够熟练完成全州醋血鸭的处理、烹饪等步骤	40	
4	成品质量	鸭肉鲜香、鸭血嫩滑，醋味酸香适中	20	
5	食品安全	选择安全卫生的食材	10	
合计				

第六节　岑溪古典鸡

【学习目标】

（1）熟悉影响岑溪古典鸡风味的关键工艺。

（2）能独立完成岑溪古典鸡的食材处理和烹饪操作。

（3）熟练掌握岑溪古典鸡的煲煮、调味等技艺。

岑溪古典鸡以整只鸡为原料，采用先腌制再蒸煮的方式烹饪而成。它源自岑溪市，是当地著名的传统菜肴之一。岑溪古典鸡主要原料是广西岑溪的原生三黄鸡种，用传统的方法在山林中放养，因此得名"古典鸡"。腌制后的全鸡通过蒸煮的方式烹制，肉质软烂，现已成为展示岑溪本地风味的招牌传统美食。

一、操作准备

1. 原料

整鸡约 1500 g，生姜 50 g，大葱 100 g，盐 15 g，料酒 25 g，胡椒粉 5 g，当归 10 g，黄芪 10 g。

2. 工具

蒸锅，漏勺，蒸盘，汤碗。

二、制作工序

1. 处理整鸡

整鸡除去内脏和多余脂肪，清洗干净。沥干水分后，用厨房纸巾轻轻擦干鸡身表面，以便后续腌制时能更好地吸收调料。

2. 腌制入味

取一个汤碗，加入盐、料酒、胡椒粉等调料，搅拌均匀，制成腌料。将处理后的整鸡放入碗中，内外均匀涂抹腌料，在鸡腹内放入姜片、葱段、当归、黄芪等，鸡腌制入味后待用。

3. 蒸煮

蒸锅加入适量清水，大火烧开。将腌制好的鸡放入蒸盘中，注意保持鸡腹朝上，以免鸡皮破损。盖上锅盖，转小火蒸约40～50分钟，或根据鸡的大小调整蒸煮时间，确保鸡肉熟透且保持嫩滑。

4. 后期处理

将蒸好的鸡取出，自然冷却至室温。待鸡完全冷却后，斩成适口的小块，装盘，配蘸料（如蒜蓉酱、辣椒酱、酱油等），上席即可。

岑溪古典鸡

三、注意事项

（1）选料关键：该道菜以岑溪当地的山林、果园放养的三黄鸡为最优食材。

（2）腌鸡关键：腌料应涂抹均匀，往鸡腹内放入香料，整鸡腌制时间至少30分钟，使鸡肉充分吸收调料的味道。

（3）成熟关键：掌握蒸制的火候，确保鸡肉熟透并保持嫩滑。

四、产品创新

传统岑溪古典鸡突出药膳风味，可以在此基础上增加煲煮技巧，控制火候，萃取当归、北芪等的药力。生产中，要选择优质、安全的食材，严格控制菜品卫生安全。可以使用真空包装，使产品达到便于存放、运输的效果，从而更好地推广这一地方特色菜。

【考核要求】

具体考核要求见表4-6。

表4-6　岑溪古典鸡制作考核要求

序号	考核内容	项目描述	分值	得分
1	职业素养	养成良好的卫生习惯，自觉遵守操作规程	10	
2	知识目标达成情况	能复述岑溪古典鸡的制作工艺流程与注意事项	20	
3	技能目标掌握情况	能够熟练完成岑溪古典鸡的处理、烹饪等步骤	40	
4	成品质量	口感醇厚，香气四溢，肉质鲜嫩可口	20	
5	食品安全	选择安全卫生的食材	10	
合计				

第七节　柠檬鸭脚

【学习目标】

（1）掌握柠檬鸭脚风味的烹饪技巧。

（2）独立完成柠檬鸭脚的处理和烹调操作。

（3）感受柠檬鸭脚独特的滋味。

柠檬鸭脚是一道以鸭脚为主料，以柠檬、辣椒、糖等为辅料的特色食品，采用先煮制后过冷再浸泡的方式烹制而成，既保留了食材的原味，又融入了柠檬清新的果香。柠檬鸭脚外皮红亮，肉质软嫩，香气四溢，鲜香可口，回味悠长，现已成为广受欢迎的家常美食之一。

一、操作准备

1. 原料

主料：鸭脚500 g。

腌料：生抽200 g，白醋200 g，白糖10 g，香油5 g，料酒15 g。

辅料：柠檬50 g，泡椒100 g，生姜片10 g，小米椒60 g，香菜20 g，大蒜15 g。

2. 工具

炒锅，砧板，刀，汤碗。

二、制作工序

1. 煮鸭脚

将鸭脚清洗干净，放入开水中，与生姜片和料酒一同进行煮制。煮制的过程中撇去浮沫，总共煮约 17 分钟。煮好后用水龙头冲洗鸭脚直至其不再油腻，随后再用冷开水清洗一遍。

2. 腌料处理

将泡椒、小米椒、大蒜、香菜切碎，柠檬切薄片备用。

3. 调制腌制液

在汤碗中放入生抽、白醋、白糖和香油，调匀。

4. 腌制鸭脚

加入之前切好的泡椒、小米椒、大蒜、香菜和柠檬片，最后放入鸭脚搅拌均匀，腌制约 4 小时至充分入味即可。

柠檬鸭脚

三、注意事项

（1）煮制鸭脚：撇去浮沫可以去除杂质和部分腥味，而生姜片和料酒的加入也有助于进一步去腥。

（2）腌制：确保鸭脚与腌制液充分接触，腌制时间要充足，约 4 小时。腌制期间应翻拌几次，确保每一只鸭脚都能充分入味。

四、产品创新

为了增强柠檬鸭脚的市场竞争力，首先，在口味上，可以在腌制过程中添加一些其他调味料，如芝麻油、花椒油、陈皮等，增加口感的多样性。其次，在形态上，可以将柠檬鸭脚切割成小段，方便食用；也可以开发出柠檬鸭脚冻、柠檬鸭脚片等新形态，满足消费者的不同需求。另外，可以在制作过程中添加一些对健康有益的食材，如蜂蜜等，增加柠檬鸭脚的营养价值。

【考核要求】

具体考核要求见表4-7。

表4-7　柠檬鸭脚制作考核要求

序号	考核内容	项目描述	分值	得分
1	职业素养	养成良好的卫生习惯，自觉遵守操作规程	10	
2	知识目标达成情况	能复述柠檬鸭脚的制作工艺流程与注意事项	20	
3	技能目标掌握情况	能够熟练完成柠檬鸭脚的处理、烹饪等步骤	40	
4	成品质量	鸭脚肉质软嫩，具有柠檬的清香，口感酸辣清爽	20	
5	食品安全	选择安全卫生的食材	10	
合计				

第八节　长安芙蓉酥

【学习目标】

（1）熟悉长安芙蓉酥的原料及制作工艺。

（2）掌握长安芙蓉酥皮和馅料的制作方法。

（3）熟练掌握芙蓉酥的炸制、装饰技巧。

长安芙蓉酥是柳州融水的特色传统热菜，以猪肉、芋头、马蹄等为主要食材，加入各种配料烹饪而成，口感鲜美，深受当地人喜爱。它将各种食材的营养与风味融为一体，体现了当地人民的烹饪智慧，是展示当地饮食文化的经典菜肴之一。长安芙蓉酥香气馥郁，酥皮煎得酥脆金黄，芙蓉馅软滑细腻，酥皮的脆香与芙蓉馅的滑嫩完美结合，深受大众喜爱。

一、操作准备

1. 原料

主料部分：肉末500 g，木耳50 g，荸荠50 g，香菇50 g，葱30 g。

调料部分：蚝油 30 g，生抽 5 g，五香粉 5 g，白胡椒粉 2.5 g，盐 3 g，淀粉 45 g，食用油 200 g。

面浆部分：鸡蛋 300 g，盐 1 g，面粉 200 g。

2. 工具

擀面杖，模具，平底锅。

二、制作工序

1. 准备馅料

将木耳、荸荠、香菇和葱分别切碎，与肉末放入盆中。接着加入蚝油、生抽、五香粉、白胡椒粉和盐，混合搅拌后，再分次加入淀粉，每次加入后都往一个方向揉匀。

2. 制备面浆

将鸡蛋打散在碗里，加入约 1 g 的盐，搅打至起泡。加入面粉，持续搅拌直至形成黏稠的浆糊。

3. 组合馅料与面浆

将准备好的馅料均匀铺展在菜板上，形成约 2 cm 厚的长条（也可使用模具）。将面浆均匀浇在馅料中央，用筷子向外均匀铺展。

4. 炸制

锅内倒入适量的食用油，加热到七成热，然后转为中小火。用清洁的菜刀浸油后，轻轻铲起肉块，将面皮朝下放入锅中。炸至定型后，再翻面，反复翻动两次，总炸时长约 10 分钟。待肉块浮起、色泽变为金黄时即可取出。

5. 出锅装盘

炸好的芙蓉酥切块，摆盘即可。

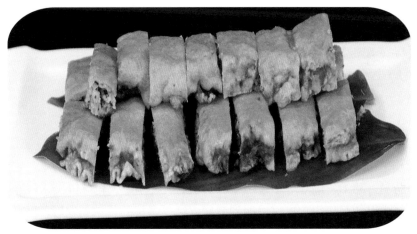

长安芙蓉酥

三、注意事项

（1）在加入淀粉时，要往一个方向慢慢揉，以使馅料更加黏稠和均匀。

（2）炸制时应保持中小火，并注意反复翻动，确保炸制均匀且不焦煳。

（3）避免油温过高，以免表面炸焦而内部未熟。

四、产品创新

长安芙蓉酥将各种食材融为一体，味道鲜美。在传统做法基础上，可适当调整食材比例，丰富口感。选用优质安全的猪肉等主料，并加强卫生管理，确保食品安全。可以使用真空包装以促进外销，也可以开发成热菜礼盒，创新产品销售形式。

【考核要求】

具体考核要求见表4-8。

表4-8　长安芙蓉酥制作考核要求

序号	考核内容	项目描述	分值	得分
1	职业素养	养成良好的卫生习惯，自觉遵守操作规程	10	
2	知识目标达成情况	能描述长安芙蓉酥的制作工艺流程与注意事项	20	
3	技能目标掌握情况	能够熟练完成长安芙蓉酥的制作	40	
4	成品质量	外皮酥脆，内馅香滑	20	
5	食品安全	选择优质安全的原料	10	
合计				

第九节　玉林牛巴

【学习目标】

（1）熟悉玉林牛巴的原料及制作方法。

（2）掌握影响牛巴风味的腌制和干燥技巧。

（3）独立完成牛巴的制作加工过程。

玉林牛巴是玉林最出名的风味特产之一，也是玉林传统风味名吃。它是将牛肉经过腌制、晒干、油炸等多道工序后制成的一种小吃，口感鲜美、营养丰富。

玉林牛巴的制作历史可以追溯到清代，经过多年的传承和发展，已经形成了独具特色的玉林牛巴食品产业。玉林牛巴以其独特的色、味、香、形备受消费者青睐。它呈半透明状，色泽暗亮，气味醇香，肉质细而耐嚼，入口生香，吃后满口留香，被誉为地方一绝。

一、操作准备

1. 原料

主料部分：黄牛后腿肉 1000 g。

辅料部分：姜块 40 g，蒜蓉 20 g，葱白 20 g，八角、草果、沙姜、桂皮、丁香、桂花、橘皮、花椒、茅根各 5 g。

调料部分：白酒 50 g，白糖 10 g，味精 5 g，盐 10 g，酱 20 g，姜汁 20 g，植物油 20 g。

2. 工具

砧板，菜刀，烤箱，炒锅，竹筛。

二、制作工序

1. 原料初加工

黄牛后腿肉洗净血污后切成长 12 cm、宽 6 cm、厚 2.5 mm 左右的薄片，将切好的牛肉烘干或晾干。

2. 热处理

牛肉隔水蒸 10 分钟左右，入油温 180～200 ℃的热油炸制约 3 分钟，出锅待用。

3. 加工成品

锅内放油，烧至八成熟，加入各式辅料爆香，加入肉片和各式调料，盖上锅盖，用小火焖煮，中间按需翻炒，避免焦底。待肉干回软且锅中无汁时，加入适量清油翻炒出锅，从焖好的牛巴中拣去姜、蒜及香料，控去油汁晾凉后切件上桌。

玉林牛巴

三、注意事项

（1）材料准备：确保黄牛肉的新鲜，尽量使用后腿肉，前腿肉次之。

（2）晒干提示：牛肉片只需晒至七成干，不要完全晒干，以免太干燥。

（3）炒煨技巧：炒煨时要保持文火，避免过大火候导致牛巴外焦内生。

（4）翻炒要点：中间翻炒要均匀，确保牛巴均匀受热，避免底部焦煳。

四、产品创新

为了满足不同消费者的需求，玉林牛巴除了传统的原味，还可以推出不同的口味，如辣味、五香味、孜然味等。可以尝试使用不同的原料，比如添加一些坚果、果干等，丰富口感，增加营养价值。可以尝试采用新的生产工艺和设备，如采用低温真空油炸技术等，提高生产效率和产品质量。

【考核要求】

具体考核要求见表4-9。

表4-9　玉林牛巴制作考核要求

序号	考核内容	项目描述	分值	得分
1	职业素养	养成良好的卫生习惯，自觉遵守操作规程	10	
2	知识目标达成情况	能描述玉林牛巴的制作工艺流程与注意事项	20	
3	技能目标掌握情况	能够熟练完成牛巴的制作	40	
4	成品质量	韧而不坚，香气浓郁，咸甜适口	20	
5	食品安全	选择优质新鲜牛肉制作	10	
合计				

第五章　水产制品类

第一节　炭烤生蚝

【学习目标】

（1）熟悉制作炭烤生蚝的主要原料、辅料及常用调料。

（2）能独立、规范地完成炭烤生蚝的生产制作。

（3）养成良好的卫生习惯，增强食品安全意识，制作的产品符合相关质量要求。

炭烤生蚝是一种以生蚝为主要原料，采用炭烤方式制作的美食。炭烤生蚝的特点在于其鲜美口感和独特的烹饪方式。烤制后的生蚝肉质鲜嫩，口感丰富，再搭配上特制的酱汁，味道丰富，而炭烤方式也能够为生蚝增添一份独特的炭火香味。品尝炭烤生蚝，可以感受到其细腻的口感和浓郁的海鲜味道。生蚝营养价值也非常高，含有丰富的蛋白质、微量元素等营养成分，对于身体有很好的滋补作用。炭烤生蚝适合各种场合食用，深受消费者喜爱。

一、操作准备

1. 原料

生蚝 10 只，蒜蓉 10 g，指天椒 5 g，香葱 10 g，盐 5 g，柠檬汁 30 g。

2. 工具

炭烤炉，食品夹，剪刀。

二、制作工序

1. 初加工

将鲜活生蚝表面泥沙洗净，用刀背从前端小心撬开蚝壳，去掉没有蚝肉的一半蚝壳，将另一半带有蚝壳的蚝肉用清水冲洗干净，沥干水分。

2. 调酱汁

指天椒和香葱洗净切碎，再调入盐、蒜蓉、柠檬汁混合均匀即可。

3. 烤制

带壳生蚝放在烧烤架上烤制，待蚝汁渐干时，将调味汁淋入，继续烧烤约 2 分钟。最后用夹子将生蚝夹出离火，放入盘中即可。

炭烤生蚝

三、注意事项

（1）初加工关键：生蚝选择以颜色较浅、表面光滑、壳质密实为佳，撬开生蚝壳时要小心，避免损伤蚝肉。

（2）烤制关键：烤制时间不要过长，否则蚝肉会变得干硬。烤制时需要不断翻动生蚝，以免烤焦。

（3）调酱汁关键：在加入蒜蓉时，蒜蓉的量可以稍微多一些，这样烤出来的生蚝更有味道。可以根据个人喜好调整酱汁，如添加指天椒、葱花等。

四、产品创新

炭烤生蚝的创新可从调料、搭配、烹饪方式、佐料等方面入手，不断尝试新的组合和方式，以探索出更加美味和独特的口感和风味，如加入柠檬汁、香菜、紫苏、芝士、榴莲、鱼子等，增加口感，使味道呈现层次感。在食用时，可以尝试沾取一些创新的佐料，如蜂蜜、芥末等，以提供不同的味觉体验。除了传统的炭火烤制，还可以尝试使用烤箱、烤架等方式烤制生蚝，以探索不同制作方法。

【考核要求】

具体考核要求见表 5-1。

表 5-1　炭烤生蚝制作考核要求

序号	考核内容	项目描述	分值	得分
1	职业素养	讲究卫生、爱护环境，自觉遵守食品生产操作规程和相关法律法规	10	
2	知识目标达成情况	能完整复述产品的由来、市场运用、原料选择、工艺流程及操作要领	20	
3	技能目标掌握情况	能在现有的实训条件下，独立、正确地完成炭烤生蚝的每一道制作工序	40	
4	成品质量	口感鲜美，风味独特，营养价值高，外观诱人	20	
5	包装储存	能选出合适的包装材料进行正确的包装和储存	10	
合计				

第二节　北海沙蟹汁

【学习目标】

（1）熟悉北海沙蟹汁制作的主要原料、辅料及常用调料。

（2）能独立、规范地完成北海沙蟹汁的生产制作，掌握制作关键。

（3）养成良好的卫生习惯，增强食品安全意识，确保产品符合相关质量要求。

沙蟹汁是用沙蟹做成的汁，是北海特有的一道特色风味蘸酱。由于原材料普遍常见，制作工序简单易行，该菜品经常出现在本地人的饭桌上，其独特的口味受到大众的喜爱。2014 年，中国中央视电视台《舌尖上的中国第二季》对其进行了介绍，这道神奇的调味食品渐渐被全国甚至世界各地的人们所熟知。

北海沙蟹汁制作技艺于 2015 年被列入北海市第三批市级非物质文化遗产代表性项目名录，2018 年被列入广西壮族自治区第七批自治区级非物质文化遗产代表性项目名录。

一、操作准备

1. 原料

北海沙蟹 1000 g，蒜头 100 g，姜 100 g，白酒 150 g，盐 50 g。

2. 工具

瓦盘，木棒，带盖的玻璃容器。

二、制作工序

1. 沙蟹初加工

鲜活的沙蟹放在盛有干净海水的桶里，多次换水清洗后，取出沥干，掀掉蟹腹底脐盖或挤出脐底污物，去除内脏待用。

　　2. 捣碎沙蟹

　　将处理干净的沙蟹放入已清洁消毒并干燥的瓦盘（类似捣臼的器物都可以）里，用干净的木棒捣碎沙蟹，放进切成颗粒的蒜头、姜、白酒和盐，继续捣碎搅拌。

　　3. 装瓶发酵

　　分装在消毒干净的玻璃瓶中，盖上瓶盖密封，自然发酵一周以上即可取出食用。放置一个月以上的沙蟹汁更加美味可口。

北海沙蟹汁

三、注意事项

　　（1）沙蟹处理的关键：选择鲜活的沙蟹，多次清洗去除污物，避免产生异味。

　　（2）捣碎沙蟹的关键：用木棒将其捣碎，不要使用机器，以保留沙蟹的原始风味。

　　（3）保存的关键：放置在干燥、通风、阴凉的地方，避免阳光直射。

四、产品创新

　　在传统的沙蟹汁中，可以尝试添加一些新的调料，如香料、果酱、醋等，或通过调整腌制、发酵、浓缩等工艺，探索开发沙蟹汁的新口感和新风味，以满足不同人群的需求。还可以开发沙蟹汁的副产品，如沙蟹酱、沙蟹粉等，以丰富沙蟹汁的产品线。除了传统的蘸料用途，还可以将沙蟹汁用于炒菜、炖汤、煮粥等，通过与其他食材的搭配，开发出新的菜肴和食用方式。

【考核要求】

具体考核要求见表5-2。

表5-2　北海沙蟹汁制作考核要求

序号	考核内容	项目描述	分值	得分
1	职业素养	讲究卫生、爱护环境，自觉遵守食品生产操作规程和相关法律法规	10	
2	知识目标达成情况	能完整复述产品的由来、原料选择、工艺流程及制作要领	20	
3	技能目标掌握情况	能在现有的实训条件下，独立、正确地完成北海沙蟹汁的每一道制作工序	40	
4	成品质量	口感独特，营养丰富，色香味俱佳	20	
5	包装储存	能选出合适的包装材料进行正确的包装和储存	10	
合计				

第三节　锡纸花蛤

【学习目标】

（1）熟悉锡纸花蛤制作的主要原料、辅料及常用调料。

（2）能独立、规范地完成锡纸花蛤的生产制作。

（3）养成良好的卫生习惯，增强食品安全意识，确保产品品质达到要求。

锡纸花蛤是采用锡纸包裹花蛤，经过烘焙、烤制等工艺制作而成的一款海鲜食品，是夏天夜宵摊里的人气小吃。花蛤含有人体所需的各种蛋白质、微量元素等营养成分，易于人体吸收。烤花蛤时采用锡纸包裹，不仅锁住了花蛤的原汁原味，保留了其固有的鲜美，而且避免了食品与外界直接接触，更安全卫生。广西作为沿海地区之一，有着丰富的海鲜水产品和独特的气候条件，孕育了当地人对海鲜的热爱，对锡纸花蛤这道美食更是情有独钟，是聚会必不可缺的美味之一。

一、操作准备

1. 原料

花蛤500 g，金针菇100 g，洋葱50 g，葱25 g，大蒜25 g，料酒25 g，生抽30 g，蚝油15 g，糖5 g，花生油50 g。

2. 工具

不锈钢方盆，加厚锡纸。

二、制作工序

1. 原料初处理

花蛤吐沙，加料酒焯水至开口。金针菇切尾洗干净备用。

2. 调制酱料

蒜、洋葱、葱切碎备用，加入生抽、蚝油、糖，最后淋上热油，搅拌一下。

3. 成形

取出 3 个锡纸碗，底下先铺一层金针菇，倒入一些酱料，再铺一层花蛤，再倒一些酱料，最后盖上锡纸。

4. 烘烤

放入烤箱，温度设定为 185 ℃，烤 15 分钟左右，取出稍微拌一拌，撒上葱花即可。

锡纸花蛤

三、注意事项

（1）原料选择：选用新鲜花蛤，以保证口感与味道。

（2）锡纸花蛤的储存：如只需当天保存，将锡纸花蛤常温下密封即可。如果需要长时间保存，可以将锡纸花蛤放入冰箱冷冻室，延长其保质期。但需要注意的是，一旦解冻后就不应再次冷冻，以免影响口感和品质。

四、产品创新

在传统制作工艺基础上，可以考虑添加柠檬汁、香草、辣椒、虾、蟹、蔬菜等食材，创造新的口感和味道；也可以考虑通过烤、煮、炸等不同的烹调方法，探索不同的口感和风味；或使用锡纸包裹烤制，创造独特的风味；还可以尝试将花蛤制作成汤、煲等食用。

【考核要求】

具体考核要求见表5-3。

表5-3 锡纸花蛤制作考核要求

序号	考核内容	项目描述	分值	得分
1	职业素养	讲究卫生、爱护环境，自觉遵守食品生产操作规程和相关法律法规	10	
2	知识目标达成情况	能完整复述产品的由来、原料选择、工艺流程及制作要领	20	
3	技能目标掌握情况	能在现有的实训条件下，独立、正确地完成锡纸花蛤的每一道制作工序	40	
4	成品质量	口感鲜美，香气扑鼻，嫩滑多汁	20	
5	包装储存	能进行正确的包装和储存	10	
合计				

第四节 武宣三里鱼圆

【学习目标】

（1）熟悉武宣三里鱼圆制作的主要原料、辅料及常用调料。

（2）能独立、规范地完成武宣三里鱼圆的生产制作。

（3）养成良好的卫生习惯，增强食品安全意识，制作的产品符合相关质量要求。

武宣三里鱼圆是来宾市武宣县的特色小吃，采用当地新鲜河鱼、面粉、上等初榨花生油等，经过精细制作而成。鱼圆的口感爽滑、无腥味、久煮不烂，色泽金黄，个圆饱满，香气四溢，深受人们喜爱。

武宣三里鱼圆不仅口感独特，而且营养丰富，富含高质量的蛋白质和多种营养成分。这道小吃适合各个年龄层人群食用，是武宣县乃至整个广西地区的传统美食之一。2018年12月，武宣三里鱼圆制作技艺被列入广西壮族自治区第七批自治区级非物质文化遗产代表性项目名录。

一、操作准备

1. 原料

鲮鱼肉300 g，肥肉100 g，盐3 g，糖2 g，鸡粉5 g，胡椒粉15 g，麻油4 g，生粉50 g，水50 g。

2. 工具

料理机，煮锅，盆。

二、制作工序

1. 鱼胶制作

鲮鱼肉和肥肉混合，用料理机打成鱼泥，加入盐、糖、鸡粉、胡椒粉、麻油顺时针搅拌均匀。水中加入生粉调成生粉水，逐渐往鱼泥中加入生粉水，继续顺时针搅拌，直至起胶发黏，再用力将鱼胶摔打在案板上，反复多次，使鱼胶更富有弹性。

2. 成熟

锅中烧水至沸腾，转小火，将鱼胶挤成鱼圆放入水中，待鱼圆全部浮起后再煮5分钟。捞出，放入清水中浸泡10分钟，然后沥干水分，入五成热油锅炸至金黄即可。

武宣三里鱼圆

三、注意事项

（1）鱼胶制作关键：搅拌鱼泥时，要顺着一个方向搅拌，并反复摔打，这样可以使鱼圆更有弹性，口感更好。

（2）成熟关键：控制好下锅温度，煮时要等鱼圆全部浮起后再煮5分钟，确保鱼圆煮熟。煮熟的鱼圆要用清水浸泡一段时间，这样可以去除多余的淀粉，使鱼圆更加清爽。最后炸制时要掌握好油温，油温太高鱼圆容易破裂，油温太低鱼圆长时间不起泡，口味变差。

四、产品创新

在加工技术上，可采用先进的粉碎和搅拌设备，使原料充分混合，提高鱼圆的细腻度；采用冷冻技术，延长鱼圆的保质期。在产品质量的提高上，可通过调整淀粉和面粉的比例，优化配方以获得更好的口感和成型效果。在产品创新上，可尝试添加其他食材，如蔬菜、水果等，以增加鱼圆的营养价值，形成不同的风味。在生产上，应制订严格的质量标准，确保鱼圆的品质和口感；采用现代化的检测设备和方法，对鱼圆进行全面的质量检测；建立完善的质量追溯体系，确保产品的可追溯性。

【考核要求】

具体考核要求见表5-4。

表5-4　武宣三里圆制作考核要求

序号	考核内容	项目描述	分值	得分
1	职业素养	讲究卫生、爱护环境，自觉遵守食品生产操作规程和相关法律法规	10	
2	知识目标达成情况	能完整复述产品的由来、市场运用、原料选择、工艺流程及操作要领	20	
3	技能目标掌握情况	独立完成武宣三里鱼圆的每一道制作工序	40	
4	成品质量	口感爽滑、无腥味，色泽金黄，个圆饱满，香气四溢	20	
5	包装储存	能选出合适的包装材料进行正确的包装和储存	10	
合计				

第五节　隆安布泉壮族酸鱼

【学习目标】

（1）熟悉制作隆安布泉壮族酸鱼的主要原料、辅料及常用调料。

（2）能独立、规范地完成隆安布泉壮族酸鱼的生产制作。

（3）养成良好的卫生习惯，增强食品安全意识，制作的产品应符合相关质量要求。

隆安布泉壮族酸鱼（布泉酸鱼）是南宁市隆安县布泉乡的一道当地特色美食，它以新鲜的布泉河鱼和当地特产的玉米粒为主料，经过精心腌制而成，开盖蒸制后即可食用，酸爽可口，是夏季一道很好的开胃菜。上好的酸鱼有些发白，鱼腥被酸味中和殆尽，同时鱼的鲜味得到了强化。细细咀嚼，鱼肉软而不酥，略有韧性，很有嚼头；味道酸中微咸，使人回味无穷。2018 年，隆安布泉壮族酸鱼制作技艺被列入广西壮族自治区第七批自治区级非物质文化遗产代表性项目名录。

一、操作准备

1. 原料

新鲜草鱼 1000 g，甜玉米粒 250 g，盐 75 g，白酒 100 g。

2. 工具

罐头瓶，不锈钢盆，蒸锅。

二、制作工序

1. 鱼肉处理

将鱼肉洗净，去除血水和鱼鳞，切成约 2 cm 厚的块状，放入清水中浸泡 30 分钟，去除多余血水和异味。取出鱼肉块放入碗中，加入适量盐抓拌均匀，置冰箱中腌制 2 ～ 3 天，其间需多次翻动鱼肉以确保入味均匀。

2. 玉米处理

将甜玉米粒洗净，放入开水中焯烫 1 分钟，捞出沥水，再入锅加入适量清水，煮至软糯，将煮好的甜玉米粒捣烂成粥状，备用。

3. 装瓶腌制

将腌制好的鱼块用清水冲洗干净，和玉米粥混合均匀，填充入罐头瓶中，装至八分满，在罐头瓶口覆盖一层保鲜膜，旋紧瓶盖，置阴凉通风处腌制。

4. 蒸制

食用时取出鱼块，去除多余盐分和玉米粥残渣，入锅蒸 15 分钟，配葱、姜、蒜、辣椒等，即可食用。

布泉酸鱼

三、注意事项

（1）选材关键：优先选择新鲜的野生河鲤鱼或草鱼，以保证口感和风味。

（2）腌制关键：鱼肉装罐时一定要压紧实，腌制时间要足够，以确保鱼肉入味。腌制过程中须定期观察罐内情况，如有异常须及时处理。

四、产品创新

随着生活水平的提高，人们越来越注重饮食的营养和健康，布泉酸鱼美味、营养、健康，满足了消费者的这一需求，受到广泛关注与喜爱，消费市场广阔。将花生油和蒜蓉加热后倒入碗中，加入少许酱油调味，撒上葱花，制成蒜蓉酱汁，布泉酸鱼蘸取蒜蓉酱汁后食用，开胃爽口，是一道不错的下酒菜，布泉人民一般都用它来招待客人。布泉酸鱼取于自然、成于自然，食之可令人有返璞归真的感受。布泉酸鱼在国内尚属新锐产品，市场竞争力小，若能快速抓住市场机会，未尝不是一条不错的致富之路。

【考核要求】

具体考核要求见表 5-5。

表 5-5　布泉酸鱼制作考核要求

序号	考核内容	项目描述	分值	得分
1	职业素养	讲究卫生、爱护环境，自觉遵守食品生产操作规程和相关法律法规	10	
2	知识目标达成情况	能完整复述产品的由来、市场运用、原料选择、工艺流程及操作要领	20	
3	技能目标掌握情况	能在现有的实训条件下，独立正确完成布泉酸鱼的每一道制作工序	40	
4	成品质量	颜色白中透黄，气味酸而不臭，入口酸味麻香，风味独特	20	
5	包装储存	能选出合适的包装材料进行正确的包装和储存	10	
合计				

第六节 京族鱼露

【学习目标】

（1）熟悉京族鱼露制作的主要原料、辅料及常用调料。

（2）能独立、规范地完成京族鱼露的生产制作。

（3）养成良好的卫生习惯，增强食品安全意识，制作的产品符合相关质量要求。

一滴鱼露，一味鲜香。京族鱼露是东兴市京族三岛人每天都离不开的上等调味品，京族人更习惯将鱼露称为"鲶汁"。京族鱼露呈琥珀色，味道咸鲜，用来拌饭、做汤、炒菜、做蘸料都是极好的。京族鱼露以各种小杂鱼为原料，经过腌渍、发酵、过滤、晒炼多道工序而成，鲜咸味美。东兴京族三岛的山心村，素有"鱼露之乡"的美誉。作为京族饮食的代表符号，2008 年，京族鱼露入选广西壮族自治区第二批自治区级非物质文化遗产代表性项目名录。

一、操作准备

1. 原料

小杂鱼 1000 g，盐 300 g，砂糖 50 g，大蒜 25 g，辣椒 15 g，柠檬 25 g。

2. 工具

大缸，过滤器，阳光棚（如果没有阳光棚，可置于室外阳光下晒炼）。

二、制作工序

1. 原料腌渍

选择新鲜的小杂鱼，将鱼和盐混合，置于大缸中。

2. 发酵

鱼体自身所含的蛋白酶及其他酶在多种微生物的共同参与下自然分解发酵。

3. 过滤

发酵完成后将鱼渣过滤掉，得到澄清的液体。过滤的次数越多，液体越澄清。

4. 晒炼

将过滤后的液体放在阳光棚或阳光下晒炼，去除多余的水分，提高鱼露的浓度。

5. 调味

在晒炼完成后，加入适量的调味料，如砂糖、大蒜、柠檬等即可。

三、注意事项

（1）温度控制：在发酵和晒炼的过程中，温度的控制非常重要，过高或过低的温度都会影响发酵效果和鱼露的味道。建议在阳光棚或者温暖的室内进行制作。

（2）挑选优质鱼肉：选择新鲜的鱼肉，避免使用已经腐烂或变质的鱼肉。

同时，要确保小杂鱼尽可能大小一致，以便发酵和晒炼。

京族鱼露

四、产品创新

对京族鱼露进行产品创新，可开发新的口味，如加入不同种类的香料或调味料，以满足不同消费者的需求。同时，探索鱼露在其他食品中的应用，如用于烹调肉类、蔬菜等食材，或者作为烤肉、烤鱼等食品的调味料。为了延长鱼露的保质期，方便携带，可以考虑开发新型包装，如真空包装、气调包装等，这些包装方式可以有效隔绝空气和水分，防止鱼露变质。

【考核要求】

具体考核要求见表5-6。

表5-6　京族鱼露制作考核要求

序号	考核内容	项目描述	分值	得分
1	职业素养	讲究卫生、爱护环境，自觉遵守食品生产操作规程和相关法律法规	10	
2	知识目标达成情况	能完整复述产品的由来、市场运用、原料选择、工艺流程及操作要领	20	
3	技能目标掌握情况	能在现有的实训条件下，独立正确完成京族鱼露的每一道制作工序	40	
4	成品质量	色泽澄黄，味道鲜美	20	
5	包装储存	能进行正确的包装和储存	10	
合计				

第六章　其他类

第一节　梧州龟苓膏

【学习目标】

（1）熟悉龟苓膏制作的一般原料及产品特点。

（2）能独立、规范地完成龟苓膏的生产制作，掌握制作关键点。

（3）养成良好的卫生习惯，增强食品安全意识，制作的产品符合相关质量要求。

梧州龟苓膏是梧州市的特产之一，也是历史悠久的传统药膳，相传最初是清代宫廷中专供皇帝食用的名贵药物。龟苓膏主要以鹰嘴龟和土茯苓为原料，再配以生地等药物精制而成，性温和，具有清热祛湿、滋阴补肾、养颜提神等功效，备受两广一带及东南亚人民的喜爱，并畅销中外，远近闻名。2007年5月，梧州龟苓膏通过国家质量监督检验检疫总局（今国家市场监督管总局）审查，实施国家地理标志产品保护。

一、操作准备

1. 原料

龟苓膏粉50 g，凉水250 g，开水1000 g，白糖200 g。

2. 工具

锅具，不锈钢方托盘，小碗。

二、制作工序

1. 调制龟苓膏浆

将龟苓膏粉和凉水一起稀开调匀成龟苓膏液，备用；净锅烧开热水，倒入白糖将其溶化，转小火，将龟苓膏液慢慢倒入热糖水中，不停搅拌均匀，煮沸冒泡约半分钟成黏稠度合适的龟苓膏浆即可。

2. 装模成形

准备好干净的模具，将龟苓膏浆盛入其中，自然冷却后置冰箱冷藏即可。

3. 装碗上席

脱模，切块，装碗，淋上椰汁即可。

梧州龟苓膏

三、注意事项

（1）膏浆调制关键：龟苓膏液必须搅拌到无干粉颗粒状。煮龟苓膏浆时必须用中小火，同时要不停地搅拌。

（2）把握好龟苓膏粉与水的比例。如果水太少，熬好以后凝固定型过快；水太多，则不利成形，同时口感的嫩滑性下降。

（3）龟苓膏可与蜜豆、芋圆、杞果、奶茶等搭配一起食用，味道更好。

四、产品创新

梧州龟苓膏是一种具有独特风味的传统中药保健食品，其历史悠久，口感独特，并具有一定的保健功效。随着消费者对食品质量和风味的不断提高，梧州龟苓膏也需要不断地创新，以适应市场的变化和消费者的需求。例如在保持传统龟苓膏的独特风味和功效的同时，尝试对配方进行优化，增加其他中草药成分，或者调整原料的比例，以提升产品的保健效果和口感。还可以尝试与其他食材进行搭配，例如水果、坚果、蜂蜜、椰奶等，创造出更加丰富的口感和味道，提升消费者的食用体验。

【考核要求】

具体考核要求见表6-1。

表6-1　梧州龟苓膏制作考核要求

序号	考核内容	项目描述	分值	得分
1	职业素养	讲究卫生、爱护环境，自觉遵守食品生产操作规程和相关法律法规	10	
2	知识目标达成情况	能完整复述产品的由来、市场运用、原料选择、工艺流程及操作要领	20	
3	技能目标掌握情况	能在现有的实训条件下，独立、正确地完成梧州龟苓膏的每一道制作工序	40	
4	成品质量	味微苦，甘甜，带有凉粉草和原料特有的气味	20	
5	包装储存	能选出合适的包装材料进行正确的包装和储存	10	
合计				

第二节　恭城油茶

【学习目标】

（1）熟悉恭城油茶制作的主要原料、辅料及常用调料。

（2）能独立、规范地完成恭城油茶的生产制作。

（3）养成良好的卫生习惯，增强食品安全意识，制作的产品符合相关质量要求。

油茶的一般制法是以老叶红茶为主料，用油炒至微焦而香，放入食盐加水煮沸，多数加生姜同煮，味浓而涩，涩中带辣。而广西桂林市恭城瑶族自治县一带还会加入磨碎的花生粉，并因煮的时间恰到好处，使味道多了醇厚少了涩味，因此，恭城油茶被举为各地油茶之冠，享誉广西各地。另外，恭城瑶族自治县被评为中国长寿之乡，据说当地人长寿的秘诀跟油茶也有着极大的关系。

2021年5月，经国务院批准，恭城瑶族自治县的茶俗（瑶族油茶习俗）被油茶习俗列入第五批国家级非物质文化遗产代表性项目名录。2022年11月，茶俗（瑶族油茶习俗）作为"中国传统制茶技艺及其相关习俗"项目之一入选联合国教科文组织人类非物质文化遗产代表作名录。

一、操作准备

1. 原料

主料部分：茶叶 10 g，食用油 15 g，花生 10 g，绿豆 5 g，生姜 15 g，蒜米 20 g，水 900 g。

辅料部分：油果 50 g，炒米 100 g，小葱 10 g，盐 5 g。

2. 工具

油茶锅，炒锅，破壁机。

二、制作工序

（1）绿豆和茶叶用温水泡开，蒜米去皮，生姜洗净去皮，葱白切段，葱叶切小颗粒。

（2）热锅后倒入 10 g 油，下泡好的茶叶翻炒一会，加入葱白、姜片和蒜米翻炒出香味，加入花生和绿豆，加水煮开。

（3）锅中所有的食材转入破壁机中，每 10 秒 1 次，打 2 次。如果破壁机带加热功能，则继续加入 700 g 水煮开。

（4）小火加热，用 5 g 食用油炒 100 g 的炒米，炒到米粒膨大。

（5）煮好的油茶可以用滤网过滤掉茶渣，小碗盛上茶汤，加上适量的炒米、油果、葱花和少量的盐调味就可以饮用了。

恭城油茶

三、注意事项

（1）选用上好的本地茶叶，以谷雨前后采摘制作的茶叶为佳。

（2）茶具均为特制：一是使用油茶锅，这种锅用生铁铸成，带嘴，形如瓢状；二是选用一把像"7"字形的油茶槌；三是用竹篾编织滤渣的茶叶隔网。

四、产品创新

近些年来，随着前往恭城瑶族自治县旅游的人增多，恭城油茶声名鹊起，芳名远播。在传统油茶的基础上，恭城人民开发出了浓缩油茶，为褐色粉末状，并采用类似果冻的包装存储。饮用时，先在锅内加入三碗水，将浓缩油茶颗粒倒入并煮沸约 2 ～ 3 分钟，加入捣碎的生姜搅拌，加盐趁热饮用，味道、气味颇类似于现场制作的油茶，是送礼的佳品。

【考核要求】

具体考核要求见表 6-2。

表 6-2　茶城油茶制作考核要求

序号	考核内容	项目描述	分值	得分
1	职业素养	讲究卫生、爱护环境，自觉遵守食品生产操作规程和相关法律法规	10	
2	知识目标达成情况	能完整复述产品的由来、原料选择、工艺流程及制作要领	20	
3	技能目标掌握情况	能在现有的实训条件下，独立、正确地完成恭城油茶的每一道制作工序	40	
4	成品质量	色泽金黄、茶味浓郁、咸淡适中	20	
5	包装储存	能选出合适的包装材料进行正确的包装和储存	10	
合计				

第三节　糖炒板栗

【学习目标】

（1）熟悉糖炒板栗制作的主要原料及产品特点。

（2）能独立、规范地完成糖炒板栗的生产制作。

（3）规范生产流程，熟练制作技艺，树立安全意识，确保产品质量。

板栗是壳斗科栗属植物，原产于中国，多见于山地，现已人工广泛栽培。糖炒板栗是秋冬季的时令风味食品，由精选的优质板栗放进装有粗盐或粗砂和白糖的锅内翻炒制作而成。糖炒板栗最早是京津一带的著名传统风味小吃，具有悠久的历史。南宋陆游在《老学庵笔记》中也有记载炒栗。现在，糖炒板栗是大江南北各地美食街或节庆假日必不可少的一道美食，其食用方便，香甜可口，果肉软糯，回味无穷，特色鲜明。

一、操作准备

1. 原料

板栗 500 g，海盐 500 g，白糖 200 g。

2. 工具

炒锅，锅铲，小刀，不锈钢盆。

二、制作工序

1. 准备原料

板栗洗净，用刀在表皮开 5 mm 深的小口，放入清水中浸泡 15 分钟，取出晾干。

2. 炒制

铁锅烧干，倒入海盐和板栗，中火翻动炒制，至板栗壳上的盐粒慢慢脱离，同时盐色逐渐转深时，慢慢加入白糖继续不停翻炒，炒到盐粒不再发黏，关火，盖上盖子焖 5 分钟即可出锅食用。

糖炒板栗

三、注意事项

（1）板栗初加工关键：板栗一定要在尾部皮厚处切开，深度不小于5 mm，长度要超过整个厚皮，这样不仅可以有效防止爆炸，而且可以使板栗壳更容易剥开。板栗在炒前用水浸泡一会，这样可以有效防止水分流失，避免肉质干硬。

（2）炒制关键：板栗在盐冷的时候下锅，逐渐加热，整个过程要不停翻炒，使板栗受热均匀。局部受热会使板栗烧焦，甚至可能引起爆炸。炒制过程中，温度很高，注意防止烫伤。

（3）盐炒完冷却后收集保存，下次可以继续使用，若受潮结块，加适量新盐后加热即可散开。

四、产品创新

在保持传统的甜味基础上，糖炒板栗可以尝试加入一些新的味道，如咸味、辣味、咖啡味等，以吸引喜欢不同口味的消费者。也可以使用一些新的原料来炒制板栗，如坚果、干果、咖啡粉等，以增加营养价值。在制作工艺上，可以采用一些新的方式，如使用不同的火候、改变炒制时间等，以获得更加独特和丰富的口感。

【考核要求】

具体考核要求见表6-3。

表6-3　糖炒板栗制作考核要求

序号	考核内容	项目描述	分值	得分
1	职业素养	讲究卫生、爱护环境，自觉遵守食品生产操作规程和相关法律法规	10	
2	知识目标达成情况	能完整复述产品的由来、原料选择、工艺流程及制作要领	20	
3	技能目标掌握情况	能在现有的实训条件下，独立、正确地完成糖炒板栗的每一道制作工序	40	
4	成品质量	色泽深棕，油光锃亮，皮脆易剥，香甜可口	20	
5	包装储存	能选出合适的包装材料进行正确的包装和储存	10	
合计				

第四节 槐花粉

【学习目标】

（1）熟悉槐花粉制作的主要原料、辅料及常用调料。

（2）能独立、规范地完成槐花粉的生产制作。

（3）养成良好的卫生习惯，增强食品安全意识，制作的产品符合相关质量。

槐花粉是广西一种夏季特色甜品小吃，入口滑嫩。其制作同米线有异曲同工之妙，取槐花和大米合奏之功，作类似米线爽滑筋道。

槐花香气怡人，花开时节飘香数里，《中华人民共和国药典》中记载，槐花味苦、微寒，有凉血止血、清肝泻火的功效，取槐花做槐花粉，盛于杯中，一饮而尽，凉透心底之余还满口留香，不愧为夏日解暑之佳品。槐花粉中含有大量的维生素 C 和维生素 E，具有抗氧化、淡化色斑、延缓衰老等作用，长期食用可使皮肤变得更加白皙、光滑。同时，槐花粉中的膳食纤维可以帮助改善肠道环境，促进肠胃蠕动，缓解便秘等症状。

一、操作准备

1. 原料

大米 250 g，槐花 50 g，液体红糖 100 g，水 1750 g。

2. 工具

漏勺，破壁机，不锈钢锅。

二、制作工序

1. 粉浆调制

大米浸泡后和槐花一起加水打碎成粉浆。

2. 熟化、成形

锅中加水 1250 g，烧开，倒入粉浆并不停地搅拌，直至挑起粉浆后呈片状掉落即可。用漏勺将熟化的粉浆压入冰水中，轻轻划散开，静置 2～4 小时后装入碗中，加入适量液体红糖即可食用。

三、注意事项

（1）调粉浆关键：选择油粘米，米要浸泡足够时长，再用破壁机重复粉碎几次。

（2）熟化关键：粉浆下入开水锅中要边下边不停搅动，防止受热不均匀或焦煳，一般小火煮制时间约 15 分钟。

（3）成形关键：选用口径 6 cm 左右的漏勺，离锅面高度约 20 cm，使粉浆自然漏入冰水中即可。

槐花粉

四、产品创新

　　槐花粉产品的改良涉及多个方面，包括产品的特性、生产工艺、可持续发展等。通过研究和开发，可提高槐花粉的质量和功效，比如提高其营养成分、口感、稳定性等。可以改进产品的包装，使其更易于食用和运输。生产上，可以通过改进槐花粉的生产工艺，提高其产量和质量，同时降低生产成本。

【考核要求】

　　具体考核要求见表6-4。

表6-4　槐花粉制作考核要求

序号	考核内容	项目描述	分值	得分
1	职业素养	讲究卫生、爱护环境，自觉遵守食品生产操作规程和相关法律法规	10	
2	知识目标达成情况	能完整复述产品的由来、原料选择、工艺流程及制作要领	20	
3	技能目标掌握情况	能在现有的实训条件下，独立、正确地完成槐花粉的每一道制作工序	40	
4	成品质量	香甜可口，清凉嫩滑	20	
5	包装储存	能选出合适的包装材料进行正确的包装和储存	10	
合计				

第五节 茉莉花饼

【学习目标】

（1）熟悉茉莉花饼制作的主要原料、辅料及常用调料。

（2）能独立、规范地完成茉莉花饼的生产制作。

（3）养成良好的卫生习惯，增强食品安全意识，制作的产品符合相关质量要求。

茉莉花饼是以茉莉花为主要食材精心制作而成的一种甜品，它的口感清香可口，外酥内软，具有独特的风味。茉莉花饼不仅口感独特，还具有一定的药用价值，如有理气和中、抗菌消炎的功效，对于胸胁疼痛、疮疡肿毒等病症有一定的疗效。此外，茉莉花饼还含有多种营养成分，如蛋白质、脂肪、纤维素等，能够补充人体所需的营养物质。

一、操作准备

1. 原料

水皮原料：面粉 250 g，白糖 25 g，猪油 50 g，冷水 100 g。

油酥原料：低筋面粉 150 g，猪油 75 g。

馅心原料：茉莉蜜 250 g，熟面粉或者熟糯米粉 200 g。

2. 器具

擀面杖，烤盘，烤箱。

二、制作工序

1. 调馅

茉莉蜜与熟面粉或者熟糯米粉拌匀，揉搓成团。

2. 调面团

水皮原料混合搅拌后揉成面团，用保鲜膜包裹醒发 15 分钟。油酥原料混合成团备用。水皮和油酥分别分成等量大小的面团，用水皮包住油酥收口搓圆，用擀面杖擀成牛舌状，卷起用保鲜膜盖住醒发 15 分钟。

3. 包馅成形烤熟

用手将醒发好的面团按平，包入馅料，收好口，按成饼形。刷蛋黄液，烘烤至熟。

三、注意事项

（1）调馅关键：掌握馅心软硬度。如果太稀，就多加点熟粉，或者放入冰箱冷冻硬后再使用；如果太稠，就加茉莉蜜。

（2）面团调制关键：水皮和油酥面团的软硬度尽可能保持一致；采用小包

酥的手法进行包酥。

茉莉花饼

四、产品创新

可在传统工艺基础上添加坚果、果酱、巧克力等食材来增加茉莉花饼味道的层次感，也可使用现代化的烤箱设备或者采用新型的烘焙技术来提高生产效率和品质。可以尝试开发不同口味的茉莉花饼，例如咸味、巧克力味、抹茶味、芝士味等，以满足不同人群对不同口味的需求。

【考核要求】

具体考核要求见表6-5。

表6-5　茉莉花饼制作考核要求

序号	考核内容	项目描述	分值	得分
1	职业素养	讲究卫生、爱护环境，自觉遵守食品生产操作规程和相关法律法规	10	
2	知识目标达成情况	能完整复述产品的由来、市场运用原料选择、工艺流程及操作要领	20	
3	技能目标掌握情况	能在现有的实训条件下，独立、正确地完成茉莉花饼的每一道制作工序	40	
4	成品质量	饼皮酥软可口，有明显层次感，回味有茉莉花的清香	20	
5	包装储存	能选出合适的包装材料进行正确的包装和储存	10	
合计				

第六节　桑葚酒

【学习目标】

（1）熟悉桑葚酒制作的主要原料、辅料及常用调料。

（2）能独立、规范地完成桑葚酒的生产制作。

（3）养成良好的卫生习惯，增强食品安全意识，确保产品品质符合相关要求。

桑葚酒以桑葚为原料酿制而成，是一种传统的酒类饮品。桑葚酒具有酸甜可口、营养丰富、强身健体等特点，深受人们的喜爱。桑葚被称为"民间圣果"，在古代曾是皇帝的御用补品。桑葚性寒，入肝、肾经，既滋补肝肾又能生津止渴、润燥滑肠。而用桑葚来做酒，正好中和桑葚的寒性，使其功效变得更为明显。每天饮用少量的桑葚酒，对于气血亏虚引起的头晕目涩、耳鸣腰酸、失眠眼花、须发早白、内热消渴等人群有一定的疗效，为大众所接受。

一、操作准备

1. 原料

桑葚 500 g，盐 20 g，温水 250 g，白酒 1000 g，冰糖 120 g。

2. 工具

带盖玻璃瓶，滤筛，水盆。

二、制作工序

1. 准备原料

温开水加盐搅拌融化，晾凉备用。挑选上好的桑葚，剪掉果蒂，放在盐水中浸泡 5 分钟，取出控干水分，放在阳光下暴晒 2 小时，备用。

2. 泡桑葚酒

准备一个无油无水的带盖玻璃瓶，倒入热水烫 5 分钟后将水倒出，晾干。将晒干的桑葚和冰糖按一层桑葚、一层冰糖的顺序放入瓶中，直至放完所有桑葚，再倒入白酒，用保鲜膜封住，盖上盖子，放在阴凉通风处腌制 7 天以上即可。

三、注意事项

（1）选材关键：选择优质新鲜的桑葚，用盐水浸泡的目的是杀灭细菌。

（2）泡酒关键：选用陶坛或玻璃器皿盛装，禁用塑料或金属器皿，以防止溢出有害成分。泡酒以 55°～60°的优质纯酿酒最佳。

（3）储存关键：桑葚酒静置的过程中，要注意保持密封，避免氧化。

桑葚

桑葚酒

四、产品创新

随着桑葚酒酿制工艺的日渐成熟，市场上推出了更多桑葚复合型发酵酒，这种复合型发酵酒不仅具有传统桑葚酒的功效，而且具果酒产品优质、低度、卫生、营养、绿色等特点，更符合消费者对健康饮品的需求。

【考核要求】

具体考核要求见表6-6。

表6-6 桑葚酒制作考核要求

序号	考核内容	项目描述	分值	得分
1	职业素养	讲究卫生、爱护环境，自觉遵守食品生产操作规程和相关法律法规	10	
2	知识目标达成情况	能完整复述产品的由来、原料选择、工艺流程及制作要领	20	
3	技能目标掌握情况	能在现有的实训条件下，独立、正确地完成桑葚酒的每一道制作工序	40	
4	成品质量	口感酸甜醇厚，具有浓郁的桑葚香味，营养丰富，具有保健作用	20	
5	包装储存	能选出合适的包装材料进行正确的包装和储存	10	
合计				

附录

广西壮族自治区级非物质文化遗产代表性项目
——传统技艺类（食品相关）

	项目名称	申报地区（单位）*	入选批次
南宁市	南宁老友粉	南宁市	第二批（2008年）
	横县鱼宴制作技艺	南宁市	第五批（2014年）
	横县鱼生制作技艺	南宁市横县	第三批（2010年）
	横县大粽制作技艺	南宁市横县	第三批（2010年）
	横县南山白毛茶制作技艺	南宁市横县	第四批（2012年）
	横县茉莉花茶制作技艺	南宁市横县	第四批（2012年）
	横县僭僧簸箕粉制作技艺	南宁市横县	第七批（2018年）
	横县芝麻饼制作技艺	南宁市横县	第七批（2018年）
	宾阳酸粉制作技艺	南宁市宾阳县	第三批（2010年）
	扬美豆豉制作技艺	南宁市江南区	第三批（2010年）
	扬美沙糕制作技艺	南宁市江南区	第四批（2012年）
	南宁酸嘢制作技艺	南宁市江南区	第九批（2023年）
	隆安布泉壮族酸鱼制作技艺	南宁市隆安县	第七批（2018年）
	马山黑山羊全羊宴制作技艺	南宁市马山县	第九批（2023年）
	鸡茸燕制作技艺	南宁市青秀区	第九批（2023年）
	上林糯米酒酿造技艺	南宁市上林县	第九批（2023年）
	壮族五色糯米饭制作技艺	南宁市武鸣县	第三批（2010年）
	武鸣柠檬鸭制作技艺	南宁市武鸣区	第七批（2018年）
	武鸣生榨米粉制作技艺	南宁市武鸣区	第七批（2018年）
	武鸣灵马旱藕粉制作技艺	南宁市武鸣区	第七批（2018年）
	武鸣府城红糖制作技艺	南宁市武鸣区	第七批（2018年）
	大明山茶制作技艺	南宁市武鸣区	第八批（2020年）
	武鸣灰水粽制作技艺	南宁市武鸣区	第八批（2020年）
	武鸣米花糖制作技艺	南宁市武鸣区	第九批（2023年）
	南宁生榨米粉制作技艺	南宁市西乡塘区	第六批（2016年）
	南宁八珍粉制作技艺	南宁市西乡塘区	第九批（2023年）
	南宁铁鸟酱料制作技艺	南宁市兴宁区	第四批（2012年）
	万国传统菜肴制作技艺	南宁市兴宁区	第九批（2023年）
	万国传统糕点制作技艺	南宁市兴宁区	第九批（2023年）

*"申报地区"以申报时的行政区划名称为准。

续表

	项目名称	申报地区（单位）*	入选批次
柳州市	柳州螺蛳粉手工制作技艺	柳州市城中区	第二批（2008 年）
	柳城云片糕制作技艺	柳州市柳城县	第四批（2012 年）
	柳城太平牛腊巴制作技艺	柳州市柳城县	第七批（2018 年）
	腐竹制作技艺 （柳城客家腐竹制作技艺）	柳州市柳城县	第九批（2023 年）
	中渡干切粉制作技艺	柳州市鹿寨县	第八批（2020 年）
	长安滤粉制作技艺	柳州市融安县	第四批（2012 年）
	长安芙蓉酥制作技艺	柳州市融安县	第六批（2016 年）
	小洲头菜制作技艺	柳州市融安县	第九批（2023 年）
	柳州礼饼制作技艺	柳州市鱼峰区	第七批（2018 年）
	三江侗族酸食制作技艺	柳州市三江侗族自治县	第七批（2018 年）
	三江虫茶制作技艺	柳州市三江侗族自治县	第八批（2020 年）
	三江茶制作技艺	柳州市三江侗族自治县	第九批（2023 年）
	苗族油茶制作技艺	柳州市融水苗族自治县	第六批（2016 年）
	百草汤烹制技艺	柳州市融水苗族自治县	第九批（2023 年）
桂林市	桂林三花酒传统酿造技艺	桂林市	第二批（2008 年）
	桂林米粉制作技艺	桂林市	第三批（2010 年）
	油茶制作工艺（恭城油茶）	桂林市恭城瑶族自治县	第二批（2008 年）
	柿饼制作技艺（恭城月柿制作技艺）	桂林市恭城瑶族自治县	第九批（2023 年）
	灌阳瑶族油茶技艺	桂林市灌阳县	第五批（2014 年）
	灌阳红薯粉制作技艺	桂林市灌阳县	第八批（2020 年）
	荔浦芋扣肉制作技艺	桂林市荔浦市	第八批（2020 年）
	桂林豆腐乳制作工艺	桂林市临桂区	第二批（2008 年）
	临桂回族板鸭制作技艺	桂林市临桂区	第四批（2012 年）
	碎红茶制作技艺	桂林市临桂区	第九批（2023 年）
	桂林黑茶制作技艺	桂林市灵川县	第八批（2020 年）
	龙脊水酒酿造技艺	桂林市龙胜各族自治县	第六批（2016 年）
	龙胜苗族油茶制作技艺	桂林市龙胜各族自治县	第七批（2018 年）
	柿饼制作技艺（平乐柿饼制作技艺）	桂林市平乐县	第九批（2023 年）
	油茶制作技艺（平乐水上油茶）	桂林市平乐县	第三批（2010 年）
	平乐石崖茶制作技艺	桂林市平乐县	第七批（2018 年）
	湘山酒传统酿造技艺	桂林市全州县	第三批（2010 年）
	全州醋血鸭制作技艺	桂林市全州县	第三批（2010 年）
	全州红油米粉制作技艺	桂林市全州县	第四批（2012 年）
	全州金槐茶制作技艺	桂林市全州县	第八批（2020 年）
	桂林马肉米粉制作技艺	桂林市秀峰区	第七批（2018 年）
	桂花糕制作技艺	桂林市象山区	第九批（2023 年）
	状元饼制作技艺	桂林市象山区	第九批（2023 年）
	船上粑制作技艺	桂林市阳朔县	第九批（2023 年）
	兴坪松花糖制作技艺	桂林市阳朔县	第九批（2023 年）
	永福罗汉果茶制作技艺	桂林市永福县	第九批（2023 年）

续表

	项目名称	申报地区（单位）*	入选批次
梧州市	梧州龟苓膏	梧州市	第一批（2007年）
	梧州鸡仔饼制作技艺	梧州市	第九批（2023年）
	梧州葱油鱼烹饪技艺	梧州市	第九批（2023年）
	六堡茶制作技艺	梧州市苍梧县	第二批（2008年）
	京南米粉制作技艺	梧州市苍梧县	第八批（2020年）
	青梅皮腌制咸鸭蛋制作技艺	梧州市苍梧县	第九批（2023年）
	岑溪古典鸡制作技艺	梧州市岑溪市	第七批（2018年）
	龙圩猪油饼制作技艺	梧州市龙圩区	第八批（2020年）
	蒙山锤打肉丸制作技艺	梧州市蒙山县	第九批（2023年）
	藤县太平米饼制作工艺	梧州市藤县	第八批（2020年）
	梧州纸包鸡制作技艺	梧州市万秀区	第六批（2016年）
	梧州冰泉豆浆制作技艺	梧州市万秀区	第七批（2018年）
	梧州三蛇酒泡制技艺	梧州市万秀区	第七批（2018年）
	梧州麦芽糖制作技艺	梧州市万秀区	第八批（2020年）
	梧州豆腐渣制作技艺	梧州市万秀区	第八批（2020年）
	梧州寄生茶制作技艺	梧州市万秀区	第八批（2020年）
	梧州月饼制作技艺	梧州市长洲区	第八批（2020年）
北海市	北海沙蟹汁制作技艺	北海市	第七批（2018年）
	合浦大月饼制作技艺	北海市合浦县	第八批（2020年）
	乾江沙谷米制作技艺	北海市合浦县	第九批（2023年）
	合浦竹壳粄制作技艺	北海市合浦县	第九批（2023年）
	侨港卷粉制作技艺	北海市银海区	第九批（2023年）
防城港市	京族鱼露	防城港市东兴市	第二批（2008年）
	京族风吹饼制作技艺	防城港市东兴市	第六批（2016年）
	金花茶制作技艺	防城港市防城区	第九批（2023年）
	凉粽制作技艺（上思凉粽制作技艺）	防城港市上思县	第九批（2023年）
钦州市	大寺猪肚巴制作技艺	钦州市	第八批（2020年）
	钦州大蚝烹饪技艺	钦州市	第九批（2023年）
	灵山大粽制作技艺	钦州市灵山县	第六批（2016年）
	灵山武利牛巴制作技艺	钦州市灵山县	第七批（2018年）
	凉粉制作技艺（灵山凉粉制作技艺）	钦州市灵山县	第九批（2023年）
	福旺坡心茶制作技艺	钦州市浦北县	第九批（2023年）
	浦北陈皮制作技艺	钦州市浦北县	第九批（2023年）
	浦北神蜉酒制作技艺	钦州市浦北县	第九批（2023年）
	月饼制作技艺（张黄月饼制作技艺）	钦州市浦北县	第九批（2023年）
	官垌鱼全鱼宴制作技艺	钦州市浦北县	第九批（2023年）
	官垌米糁制作技艺	钦州市浦北县	第九批（2023年）
	云吞制作技艺（福旺云吞制作技艺）	钦州市浦北县	第九批（2023年）
	小董麻通制作技艺	钦州市钦北区	第九批（2023年）
	钦州传统蚝豉制作技艺	钦州市钦南区	第七批（2018年）
	钦州咸海鸭蛋制作技艺	钦州市钦南区	第九批（2023年）
	钦州瓜皮制作技艺	钦州市钦南区	第九批（2023年）

续表

	项目名称	申报地区（单位）*	入选批次
贵港市	贵港藕粉制作技艺	贵港市	第九批（2023 年）
	罗秀米粉制作技艺	贵港市桂平市	第四批（2012 年）
	桂平西山茶制作技艺	贵港市桂平市	第八批（2020 年）
	桂平洗石庵素菜制作技艺	贵港市桂平市	第八批（2020 年）
	桂平乳泉井酒酿制技艺	贵港市桂平市	第九批（2023 年）
	腐竹制作技艺（桂平社坡腐竹制作技艺）	贵港市桂平市	第九批（2023 年）
玉林市	玉林茶泡制作技艺	玉林市	第六批（2016 年）
	北流锅蒸粽制作技艺	玉林市北流市	第九批（2023 年）
	博白豉膏制作技艺	玉林市博白县	第七批（2018 年）
	乌石酱油酿造技艺	玉林市陆川县	第八批（2020 年）
	沙田柚皮酿	玉林市容县	第五批（2014 年）
	三德豆豉制作技艺	玉林市容县	第九批（2023 年）
	玉林城隍酸料腌制工艺	玉林市兴业县	第八批（2020 年）
	云吞制作技艺（石南云吞制作技艺）	玉林市兴业县	第九批（2023 年）
	玉林牛巴制作技艺	玉林市玉州区	第八批（2020 年）
	玉林牛腩粉制作技艺	玉林市玉州区	第九批（2023 年）
百色市	德保猪血肠制作技艺	百色市德保县	第九批（2023 年）
	乐业酸料制作技艺	百色市乐业县	第九批（2023 年）
	凌云白茶制作技艺	百色市凌云县	第九批（2023 年）
	凌云白毫茶制茶技艺	百色市凌云县	第五批（2014 年）
	隆林黑米粽制作技艺	百色市隆林各族自治县	第八批（2020 年）
	平果芭蕉芋粉制作工艺	百色市平果县	第七批（2018 年）
	那孟传统酒饼制作技艺	百色市那坡县	第八批（2020 年）
	田东米花制作技艺	百色市田东县	第八批（2020 年）
	西林麻鸭粉制作技艺	百色市西林县	第九批（2023 年）
	辣椒捣鱼酱制作技艺	百色市西林县	第九批（2023 年）
	西林火姜茶制作技艺	百色市西林县	第九批（2023 年）
	隆林辣椒骨制作技艺	百色市隆林各族自治县	第七批（2018 年）
	隆林黑山羊羊瘪汤制作技艺	百色市隆林各族自治县	第九批（2023 年）
贺州市	黄姚豆豉加工技艺	贺州市昭平县	第二批（2008 年）
	昭平茶制作技艺	贺州市昭平县	第七批（2018 年）
	昭平黄酒酿造技艺	贺州市昭平县	第八批（2020 年）
	黄皮糖制作技艺	贺州市昭平县	第九批（2023 年）
	开山白毛茶制作技艺	贺州市八步区	第四批（2012 年）
	八步客家百菜酿制作技艺	贺州市八步区	第八批（2020 年）
	开山红薯粉制作技艺	贺州市八步区	第八批（2020 年）
	信都红糟辣椒制作技艺	贺州市八步区	第八批（2020 年）
	富川瑶族油炸粿条技艺	贺州市富川瑶族自治县	第八批（2020 年）
	钟山瑶族打油茶技艺	贺州市钟山县	第八批（2020 年）

续表

	项目名称	申报地区（单位）*	入选批次
河池市	巴马蛇王酒泡制技艺	河池市巴马瑶族自治县	第七批（2018年）
	都安旱藕粉丝制作技艺	河池市都安瑶族自治县	第六批（2016年）
	德胜红兰酒传统酿造技艺	河池市宜州区	第五批（2014年）
	怀远八宝饭制作技艺	河池市宜州区	第七批（2018年）
	丹泉酒酿造技艺	河池市南丹县	第五批（2014年）
	六龙茶制作技艺	河池市南丹县	第九批（2023年）
	干粉制作技艺（罗富干粉制作技艺）	河池市南丹县	第九批（2023年）
	干粉制作技艺（罗城干切粉制作技艺）	河池市罗城仫佬族自治县	第九批（2023年）
	罗城野生毛葡萄酒酿造技艺	河池市罗城仫佬族自治县	第九批（2023年）
	贡川榨粉制作技艺	河池市大化县	第八批（2020年）
	东兰墨米酒酿造技艺	河池市东兰县	第九批（2023年）
	巴马红糖制作技艺	河池市巴马瑶族自治县	第九批（2023年）
来宾市	兴宾红薯粉制作技艺	来宾市兴宾区	第七批（2018年）
	武宣红糟酸制作技艺	来宾市武宣县	第七批（2018年）
	武宣三里鱼圆制作技艺	来宾市武宣县	第七批（2018年）
	武宣客家黄酒酿造技艺	来宾市武宣县	第九批（2023年）
	武宣酱油酿造技艺	来宾市武宣县	第九批（2023年）
	金秀瑶族鲊肉腌制技艺	来宾市金秀瑶族自治县	第八批（2020年）
	瑶族药酒酿泡技艺	来宾市金秀瑶族自治县	第九批（2023年）
	瑶族拉瓜嘟呜（六道木糕）制作技艺	来宾市金秀瑶族自治县	第九批（2023年）
	古邕茶制作技艺	来宾市象州县	第八批（2020年）
	象州红薯干制作技艺	来宾市象州县	第九批（2023年）
	百丈米酒酿造技艺	来宾市象州县	第九批（2023年）
崇左市	桄榔粉制作	崇左市龙州县	第五批（2014年）
	龙州沙糕制作技艺	崇左市龙州县	第八批（2020年）
	龙州壮族后山茶制作技艺	崇左市龙州县	第九批（2023年）
	扶绥壮族酸粥	崇左市扶绥县	第五批（2014年）
	扶绥姑辽茶制作技艺	崇左市扶绥县	第八批（2020年）
	扶绥壮族火龙粽制作技艺	崇左市扶绥县	第九批（2023年）
	扶绥白糕制作技艺	崇左市扶绥县	第九批（2023年）
	宁明壮族红糖制作技艺	崇左市宁明县	第八批（2020年）
	凭祥五月茶制作技艺	崇左市凭祥市	第九批（2023年）
	那隆腊鸭制作技艺	崇左市江州区	第九批（2023年）
	天等指天椒加工技艺	崇左市天等县	第三批（2010年）
	天等壮族酸白切制作技艺	崇左市天等县	第八批（2020年）
	天等壮族五彩糍粑制作技艺	崇左市天等县	第八批（2020年）
公共组织	抹茶制作技艺	广西中华文化促进会	第五批（2014年）
	桂菜烹饪技艺	中国国际贸易促进委员会广西分会	第九批（2023年）

广西农业品牌（"广西好嘢"）农业区域公用品牌目录

	农产品	产地区域	入选批次（年份）
广西	广西六堡茶	自治区	第三批（2020 年）
南宁市	南宁香蕉	南宁市	第一批（2018 年）
	南宁火龙果	南宁市	第三批（2020 年）
	横县甜玉米	南宁市横州市	第一批（2018 年）
	横县茉莉花茶	南宁市横州市	第一批（2018 年）
	横县茉莉花	南宁市横州市	第二批（2019 年）
	横县大头菜	南宁市横州市	第三批（2020 年）
	古辣香米	南宁市宾阳县	第四批（2021 年）
	隆安火龙果	南宁市隆安县	第一批（2018 年）
	隆安香蕉	南宁市隆安县	第四批（2021 年）
	上林大米	南宁市上林县	第二批（2019 年）
	武鸣沃柑	南宁市武鸣区	第三批（2020 年）
柳州市	柳州螺蛳粉	柳州市	第一批（2018 年）
	融安金橘	柳州市融安县	第一批（2018 年）
	三江茶	柳州市三江侗族自治县	第一批（2018 年）
	柳江莲藕	柳州市柳江区	第二批（2019 年）
	鲁比葡萄	柳州市柳江区	第二批（2019 年）
	鹿寨蜜橙	柳州市鹿寨县	第二批（2019 年）
	融水田鲤	柳州市融水苗族自治县	第三批（2020 年）
	融水紫黑香糯	柳州市融水苗族自治县	第四批（2021 年）
	融水糯米柚	柳州市融水苗族自治县	第四批（2021 年）
	大苗山红茶	柳州市融水苗族自治县	第四批（2021 年）
	融水灵芝	柳州市融水苗族自治县	第五批（2022 年）
桂林市	桂林葡萄	桂林市	第三批（2020 年）
	桂林砂糖橘	桂林市	第三批（2020 年）
	桂林罗汉果	桂林市	第五批（2022 年）
	荔浦芋	桂林市荔浦市	第一批（2018 年）
	荔浦砂糖橘	桂林市荔浦市	第四批（2021 年）
	恭城月柿	桂林市恭城瑶族自治县	第一批（2018 年）
	资源红提	桂林市资源县	第三批（2020 年）
	车田辣椒	桂林市资源县	第四批（2021 年）
	车田西红柿	桂林市资源县	第四批（2021 年）
	永福罗汉果	桂林市永福县	第一批（2018 年）
	全州禾花鱼	桂林市全州县	第二批（2019 年）
	兴安葡萄	桂林市兴安县	第三批（2020 年）
	阳朔金橘	桂林市阳朔县	第三批（2020 年）
梧州市	梧州六堡茶	梧州市	第一批（2018 年）
	梧州砂糖橘	梧州市	第三批（2020 年）
	藤县粉葛	梧州市藤县	第五批（2022 年）
北海市	香山鸡嘴荔枝	北海市合浦县	第一批（2018 年）
	合浦南珠	北海市合浦县	第三批（2020 年）
防城港市	防城金花茶	防城港市	第三批（2020 年）
	上思香糯	防城港市上思县	第一批（2018 年）
	红姑娘红薯	防城港市东兴市	第三批（2020 年）

续表

	农产品	产地区域	入选批次（年份）
钦州市	钦州大蚝	钦州市	第一批（2018 年）
	浦北黑猪	钦州市浦北县	第一批（2018 年）
	浦北黄皮	钦州市浦北县	第五批（2022 年）
	钦北荔枝	钦州市钦北区	第二批（2019 年）
	灵山荔枝	钦州市灵山县	第一批（2018 年）
	灵山凉粉	钦州市灵山县	第二批（2019 年）
	灵山绿茶	钦州市灵山县	第三批（2020 年）
	灵山奶水牛	钦州市灵山县	第五批（2022 年）
贵港市	平南石硖龙眼	贵港市平南县	第一批（2018 年）
	麻垌荔枝	贵港市桂平市	第二批（2019 年）
	桂平西山茶	贵港市桂平市	第一批（2018 年）
	金田淮山	贵港市桂平市	第一批（2018 年）
	桂平黄沙鳖	贵港市桂平市	第三批（2020 年）
	东津细米	贵港市港南区	第二批（2019 年）
	覃塘毛尖茶	贵港市覃塘区	第二批（2019 年）
玉林市	陆川猪	玉林市陆川县	第一批（2018 年）
	容县沙田柚	玉林市容县	第一批（2018 年）
	北流荔枝	玉林市北流市	第二批（2019 年）
	北流百香果	玉林市北流市	第四批（2021 年）
百色市	百色杧果	百色市	第一批（2018 年）
	百色番茄	百色市	第二批（2019 年）
	百色红茶	百色市	第三批（2020 年）
	百色山茶油	百色市	第五批（2022 年）
	西林砂糖橘	百色市西林县	第一批（2018 年）
	凌云白毫	百色市凌云县	第一批（2018 年）
	乐业猕猴桃	百色市乐业县	第四批（2021 年）
贺州市	富川脐橙	贺州市富川瑶族自治县	第一批（2018 年）
	昭平茶	贺州市昭平县	第一批（2018 年）
	八步三华李	贺州市八步区	第四批（2021 年）
	钟山贡柑	贺州市钟山县	第四批（2021 年）
	芳林马蹄	贺州市平桂区	第五批（2022 年）
河池市	宜州桑蚕茧	河池市宜州区	第一批（2018 年）
	龙滩珍珠李	河池市天峨县	第一批（2018 年）
	环江香猪	河池市环江毛南族自治县	第二批（2019 年）
	罗城毛葡萄	河池市罗城仫佬族自治县	第二批（2019 年）
	七百弄鸡	河池市大化瑶族自治县	第二批（2019 年）
	巴马香猪	河池市巴马瑶族自治县	第五批（2022 年）
来宾市	金秀红茶	来宾市金秀瑶族自治县	第一批（2018 年）
	象州砂糖橘	来宾市象州县	第五批（2022 年）
	忻城糯玉米	来宾市忻城县	第五批（2022 年）
崇左市	天等指天椒	崇左市天等县	第一批（2018 年）
	大新腊月柑	崇左市大新县	第四批（2021 年）